Tasty Food
食在好吃

鸡汤的
122种做法

杨桃美食编辑部 主编

U0312086

江苏凤凰科学技术出版社　　凤凰含章

图书在版编目（CIP）数据

鸡汤的 122 种做法 / 杨桃美食编辑部主编 . -- 南京：
江苏凤凰科学技术出版社，2015.7

（食在好吃系列）

ISBN 978-7-5537-4559-6

Ⅰ . ①鸡… Ⅱ . ①杨… Ⅲ . ①鸡 – 汤菜 – 菜谱 Ⅳ .
① TS972.122

中国版本图书馆 CIP 数据核字 (2015) 第 102768 号

鸡汤的122种做法

主　　　编	杨桃美食编辑部	
责 任 编 辑	张远文　　　葛　昀	
责 任 监 制	曹叶平　　　周雅婷	
出 版 发 行	凤凰出版传媒股份有限公司 江苏凤凰科学技术出版社	
出版社地址	南京市湖南路 1 号 A 楼，邮编：210009	
出版社网址	http://www.pspress.cn	
经　　　销	凤凰出版传媒股份有限公司	
印　　　刷	北京旭丰源印刷技术有限公司	
开　　　本	718mm × 1000mm　　1/16	
印　　　张	10	
插　　　页	4	
字　　　数	250千字	
版　　　次	2015年7月第1版	
印　　　次	2015年7月第1次印刷	
标 准 书 号	ISBN 978-7-5537-4559-6	
定　　　价	29.80元	

图书如有印装质量问题，可随时向我社出版科调换。

用各种锅具
煮鸡汤都上手

秋冬时节，来碗温暖清甜的鸡汤，真是再舒服不过了！鸡汤是中国传统的养生补品之一，既可暖身，可又快速补充人体元气，因此深受人们的喜爱。

鸡汤一定要用砂锅小火慢炖才好喝吗？其实不然，不同的锅具煮鸡汤的方式也不同。电饭锅快煮、汤锅慢炖或是用汤盅隔水蒸炖，都能做出美味的鸡汤来。大家可根据个人的使用习惯来选择适合自己的烹饪方式。

本书一共收录了122种私房鸡汤配方，既有传统的慢炖，也有快煮、隔水蒸炖，并有大厨私传煮鸡汤的小秘诀，另外附录中还介绍了6种特色鸡肉菜和15种鸭汤。只要你用心，就一定可以做出美味的鸡汤来，为家人为自己，送上一份贴心的温暖与健康。

※ **备注：** 本书所用电饭锅，为具有蒸、煮、炖、烧、焖、煎、炸等多种功能的电饭锅。
若家中没有，可用普通蒸锅、电饭煲（按煲汤键，煮至开关跳起）代替。
单位换算：1大匙（固体）=15克，1小匙（固体）=5克，1茶匙（固体）=5克
1茶匙（液体）=5毫升，1大匙（液体）=15毫升，1小匙（液体）
=5毫升，1杯（液体）=250毫升

目录
CONTENTS

PART 3
汤盅蒸炖篇

认识各种鸡种与鸡肉

煮鸡汤最常选用的鸡种

1. 土鸡

土鸡，也叫草鸡、笨鸡，一般是指放养于山野林间的肉鸡，与笼养的肉鸡、蛋鸡不同。其特点是雄鸡鸡冠大而红，性烈好斗，母鸡鸡冠则极小。由于是自然散养，所以土鸡的肉质鲜美，在市场上非常畅销，价格也比笼养的肉鸡要高。

2. 仿土鸡

仿土鸡体形比土鸡大，羽色多为黑色。仿土鸡在12~13周龄以前未达性成熟就出售，鸡冠也比土鸡小。仿土鸡肉质坚实、纤维也较为细致，吃起来很有嚼劲。因为仿土鸡的肉质近似土鸡，价格却比土鸡便宜，故而受到大家欢迎。

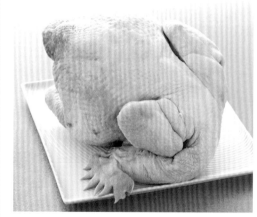

3. 乌骨鸡

纯正的乌骨鸡，从鸡皮、鸡肉到鸡骨头都是黑的，和肉鸡比起来，乌骨鸡的体形较小。乌骨鸡不容易饲养，产量有限，所以售价也比较高。乌骨鸡和一般肉鸡最大的差别是其肉质较软，脂肪含量低于一般肉鸡，热量也没有肉鸡多，且含有丰富的铁锌等矿物质，因此营养价值极高。

各部位鸡肉的特色

全鸡腿
是鸡的大腿上方包含连接身躯的鸡腿排部分，肉质细致、鲜嫩多汁，适合整只下锅炖汤，或是分切成大块烹饪。

鸡胸肉
鸡胸肉的肌肉纤维较长，直接下锅煮汤口感较涩，而且不能煮太久，以免过柴过硬。沾裹少许淀粉再下锅煮，可让肉质更软嫩。

棒棒腿
只有鸡的腿部，是运动较多的部分，其肉质与鸡腿排相比较有嚼劲。不用分切，食用较方便。

鸡柳条
是指鸡胸肉中间较嫩的一块组织，由于分量较少，所以比起鸡胸肉较为珍贵。虽然同样是鸡胸肉，但是口感却比鸡胸肉更鲜嫩多汁。

鸡翅腿
其实就是连接鸡翅与身躯的臂膀部分，也是属于运动量大的部分，但是鸡翅腿的肉较少，且与骨头连接紧密，不易分离。

鸡爪
鸡的爪子部位，含有胶质成分，常被用来做养生滋补鸡汤。

鸡翅
市售有二节翅与三节翅，差别在于有没有带鸡翅腿的部分。鸡翅肉质虽然少，但是皮富含胶质、油脂又少，多吃可以让皮肤更有弹性。

9

用不同锅具炖鸡汤的差别

使用不同的锅具煮鸡汤，各有优点和特色，大家依照个人的使用习惯或偏好来选择即可。以下就来为大家分析各种锅具煮鸡汤的优势。

1. 电饭锅快煮，轻松又省时

对繁忙的上班族来说，用电饭锅煮鸡汤最为轻松方便。只需把鸡肉稍微汆烫一下，再放入电饭锅煮至开关跳起即可，完全不需要守在炉火前面控制火候，也不用担心汤汁煮干的问题。电饭锅的特性是热力集中、密闭性佳，所以炖煮的时间比较短，大约 40 分钟就足够。煮出来的鸡汤清淡不腻，鸡肉肉质则较干涩一些。

2. 汤盅蒸炖，汤清味香浓

用汤盅装好食材，用保鲜膜封住盅口，再放入蒸笼中蒸，虽然比较费工费时，但是在制作较为珍贵的食材或药膳炖补鸡汤时，最能锁住食材、药材的营养与滋味。由于是隔水蒸炖间接加热，汤汁没有过度翻动，所以蒸出来的鸡汤汤清味浓、肉质软而不烂，是享受鸡汤美味的最好方式。

3. 汤锅慢炖，汤头最浓厚

用汤锅以小火慢炖，煮出来的鸡汤最为浓厚。通常得以小火慢炖 1 小时以上，鸡肉才能煮得较为松软可口，汤头也较香浓。但是必须小心控制火候，水量也要足够，还要适时翻动，避免煮干或焦底的情况发生，汤汁表面若有浮沫产生也要随时捞去。

砂锅的使用方式和一般汤锅类似，适合以小火慢炖，优点是受热均匀、保温持久，煮出来的鸡汤浑厚浓郁，也是不错的煮鸡汤选择。

炖补材料轻松前处理

炖补鸡汤最让人困扰的就是一堆食材与中药，总让人不知道从何处着手，也因此觉得炖补很复杂。其实炖补的材料可以分成三大类，再依这些材料的特性来处理，就能迅速地准备好，完成美味炖补鸡汤。

1. 中草药先清洗

大部分中草药都是经过干燥制成的，难免带有少许灰尘与杂质，其实这并没有太大的影响，如果想更安心，那就将药材稍微清洗一下，去除灰尘与杂质。但是千万别冲洗或是泡水太久，以免这些药材的精华流失。洗好的药材再稍微沥干一下，将多余的水分去除即可入锅炖煮。不过也不是所有中药材都适合清洗，会溶解在水中的药材，比如熟地、淮山等就最好别洗，以免它们会溶化在水中，流失营养。而体积较小、细散的药材，或不想在享用炖补鸡汤时吃到一大堆中药，也可以利用药包袋或卤包袋装好入锅。可以选用较为传统的用棉布制成的袋子，这种可重复使用，也有方便的用一次就丢的材质。

2. 肉类先汆烫

生肉通常带有血水与脏污，如果直接下锅可能会让整锅鸡汤浑浊且充满杂质，影响口感。为了避免这种情况的发生，最好将生肉（尤其是带骨的肉类）先放入沸水中汆烫，只要烫除血水与脏污，到肉的表面变色就可以起锅，再讲究点，可以将汆烫好的肉类放入冷水中再清洗一次。不过若是使用容易熟的肉类，例如鱼肉、不带骨的鸡胸肉等，就不适合汆烫过久，因为炖补本来就需要花时间熬煮，若易熟的肉类汆烫太久，会导致口感干涩难以入口。

3. 五谷杂粮先泡水

用五谷杂粮来炖煮养生鸡汤，记得要先将其泡水至软，再去炖煮，才能吃到绵密入味的口感。而且在浸泡的过程中也能去除五谷杂粮表面的一些杂质，如很多质量不良的杂粮在浸泡的过程中会浮起，可以顺便捞去。这些食材泡软的时间不一，有的数十分钟，有的可能要花好几个小时，难免会影响料理的时间，所以建议最好提前将五谷杂粮放入清水中浸泡。为了享用好口感，这个过程可是不能省的。

常用炖补调料：
麻油、米酒、老姜

1. 麻油

麻油可分为白麻油和黑麻油两种。白麻油是由白芝麻制作而成，同理，黑麻油是由黑芝麻压榨粹取而成。在一些地区，黑麻油又称"胡麻油"，比较之下，黑麻油颜色比白麻油更深。

黑麻油常用来滋补、调养、强身，制作麻油鸡、烧酒鸡、三杯鸡等料理；而白麻油则适用于炒菜、煮汤、凉拌。另外还有调味用的香油，则是将黑麻油加上色拉油混合而成，用在烹调料理起锅前，洒上几滴以增加香味及亮泽。

2. 米酒

米酒因为可以促进血液循环，让身体暖和，因此经常在炖补鸡汤中用到。除此之外，米酒还有去腥提味的作用。一般市面上的米酒分为料理米酒与米酒，两者生产流程相同，差别在于料理米酒添加了食盐，而米酒中则没有。

3. 老姜

姜可分为老姜、中姜以及嫩姜。老姜为底部，又称"姜母"，中姜为中段的部分，而嫩姜即最上头最幼枝的部位，又名"子姜""紫姜"，每种都可依同一做法入菜或入药。姜的应用极广，多半可生吃或是熟食，醋浸、酱渍、盐腌均可。嫩姜一般是加以腌渍后食用，而老姜则多入药或是用来与补品熬炖，原因在于老姜比较燥热，可促进血液循环，驱逐体内寒气，故常搭配在麻油料理及药炖汤头中使用。

PART 1

电饭锅快煮篇

电饭锅煮鸡汤的三大步骤

1.鸡肉先汆烫去除血水和浮沫，可减少腥味，汤汁也更清澈。
2.内锅直接加热水炖煮，省时又节能。
3.煮好起锅前再加盐调味，肉的鲜味才能充分溶解到汤汁中。

蛤蜊鸡汤

材料

蛤蜊	300克
鸡肉	500克
葱段	20克
姜片	20克
热水	700毫升

调料

盐	1/4小匙

做法

① 蛤蜊泡水吐沙，洗净备用。

② 鸡肉洗净，放入加了米酒和姜片（分量外）的滚水中汆烫，捞出洗净。

③ 电饭锅内锅放入鸡肉、姜片和700毫升热水，外锅加1杯水，按下开关，煮至开关跳起。

④ 再加入蛤蜊和葱段，外锅加1/4杯水，按下开关，再次煮至开关跳起，最后加入盐调味即可。

香菇鸡汤

材料

香菇	12朵
鸡肉块	600克
红枣	6颗
姜片	5克
水	1200毫升

调料

盐	适量
米酒	2大匙

做法

❶ 鸡肉块放入沸水中汆烫去血水，捞出洗净；香菇泡水，洗净备用。

❷ 将所有材料与米酒放入电饭锅内锅，外锅加1杯水（分量外），盖上锅盖，按下开关，待开关跳起，续焖30分钟后，加入盐调味即可。

竹荪干贝鸡汤

材料

竹荪	15克
干贝	5颗
土鸡肉	600克
米酒	80毫升
葱段	20克
姜片	10克
热水	850毫升

调料

盐	1/4小匙

做法

1. 竹荪洗净，用清水泡至软化。
2. 用剪刀把竹荪的蒂头剪除，切段备用。
3. 干贝洗净，用米酒浸泡至软化。
4. 土鸡肉切大块；取一锅水煮滚，加少许米酒和葱段，放入土鸡肉汆烫，捞出洗净。
5. 将土鸡肉和竹荪放入内锅。
6. 在内锅放入姜片和850毫升热水。
7. 最后放入干贝和其余的米酒。
8. 外锅放2杯水，按下开关，煮至开关跳起，加入盐调味即可。

烹饪小秘方

关键1
　　竹荪有特殊的气味，浸泡过程中可以多换几次水，将气味尽量冲淡。

关键2
　　竹荪靠近根部的一端有粗硬的蒂头，一定要仔细去除，才不会影响口感。

关键3
　　土鸡肉先放入滚水中汆烫，捞出洗净后，再放入电饭锅煮，可去除血水和杂质，减少浮沫，汤汁也会比较清澈。滚水中放入米酒和葱段，去腥的效果更好。

薏米莲子鸡爪汤

材料

薏米	50克
莲子	40克
鸡爪	400克
姜片	10克
水	1000毫升
红枣	10颗

调料

米酒	20毫升
盐	1茶匙

做法

1. 鸡爪去爪后，剁小段放入沸水中汆烫，捞出洗净；薏米、莲子泡水60分钟；红枣稍微洗过，备用。
2. 将所有材料、米酒放入电饭锅中，外锅加1杯水（分量外），盖上锅盖，按下开关，待开关跳起，继续焖10分钟后，加入盐调味即可。

竹笋鸡汤

材料

竹笋	300克
鸡肉	600克
香菜叶	适量
水	1000毫升

调料

| 盐 | 1/2小匙 |

做法

1. 竹笋洗净去除粗硬外壳，切块。
2. 鸡肉洗净切大块备用。
3. 取一锅水煮滚，加入少许米酒（材料外），放入鸡肉氽烫，捞出以清水冲洗干净。
4. 电饭锅内锅放入竹笋块、鸡肉和1000毫升水，外锅加1杯半水，按下开关，煮至开关跳起，再焖10分钟，加入盐调味、撒上香菜叶即可。

芥菜干贝鸡汤

🍲 材料

芥菜	350克
干贝	5颗
全鸡腿	1只（约650克）
米酒	100毫升
葱段	15克
姜片	15克
热水	600毫升

🍱 调料

盐	1/4小匙

✴ 做法

❶ 干贝洗净，用米酒浸泡约30分钟至软化。

❷ 芥菜洗净，放入滚水中汆烫去涩味，捞出沥干水分。

❸ 另煮一锅水，加入少许米酒和葱段，放入全鸡腿汆烫，捞出洗净。

❹ 电饭锅内锅放入全鸡腿和芥菜。

❺ 内锅再加入600毫升热水。

❻ 续放入姜片、干贝和剩余的米酒。

❼ 电饭锅外锅加1.5杯水。

❽ 按下开关，煮至开关跳起，加入盐调味，再焖10分钟即可。

烹饪小秘方

关键1

　　米酒有提鲜的作用，将干贝用米酒泡软，比用清水浸泡香气更浓郁。浸泡干贝的米酒不要倒掉，直接和干贝一起放入电饭锅煮，使鸡汤带有淡淡的酒汁香气，更好喝。

关键2

　　芥菜带有淡淡的清香，且纤维质多、能耐久煮，所以最适合用电饭锅煮鸡汤了。但是芥菜本身带有苦涩味，所以一定要先汆烫，将苦涩物质去除，才不会破坏鸡汤的清甜滋味。汆烫过芥菜的热水就不要再用来汆烫鸡肉了。

香菇竹荪鸡汤

材料

干香菇	12朵
干竹荪	5条
土鸡块	600克
水	600毫升
姜片	3片

调料

盐	1茶匙
米酒	1大匙

做法

❶ 将土鸡块放入滚水中氽烫，捞出洗净后，去掉鸡皮备用。

❷ 将干竹荪剪掉蒂头，洗净泡水涨发，剪成4厘米长的段状备用。

❸ 干香菇洗净，泡软去梗，留汁备用。

❹ 将土鸡块、竹荪、香菇放入内锅，加入600毫升水、姜片、米酒和盐调味，将内锅放入电饭锅中，外锅加2杯水，按下开关，煮至开关跳起即可。

鸡高汤

材料

鸡骨	600克
鸡爪	150克
葱段	20克
姜片	30克
水	1600毫升

调料

白胡椒粒	10克
米酒	30毫升

做法

1. 鸡骨洗净，切成大块；鸡爪洗净。
2. 取一锅水煮滚，放入鸡爪和少许葱段氽烫2分钟，再放入鸡骨煮1分钟，捞出以清水冲洗干净。
3. 电饭锅内锅放入氽烫好的鸡骨和鸡爪，再加入其余的葱段、姜片、白胡椒粒、米酒和1600毫升水，外锅加3杯水，按下开关，煮至开关跳起。
4. 将煮好的鸡高汤用干净棉布滤除杂质即可。

螺肉蒜苗鸡汤

材料

螺肉罐头　　1罐
蒜苗　　　　80克
鸡肉　　　　600克
鱿鱼　　　　1/3只
热水　　　　800毫升

调料

米酒　　　　少许
盐　　　　　1/4小匙

做法

1. 鱿鱼洗净泡水90分钟，去除外层小片备用；蒜苗洗净切斜片。
2. 鸡肉洗净切大块。
3. 取一锅水煮滚，加入少许米酒（分量外），放入鸡肉汆烫，捞出以清水冲洗干净。
4. 电饭锅内锅放入鸡肉、米酒和800毫升热水，外锅加1杯水，按下开关，煮至开关跳起，放入螺肉和汤汁、鱿鱼片，外锅再加1/2杯水，按下开关，煮至开关再次跳起，加入盐调味即可。

山药枸杞子鸡汤

🥘 材料

山药	300克
枸杞子	30克
土鸡肉	450克
姜片	30克
水	1200毫升

🧂 调料

盐	2大匙
米酒	300毫升

📋 做法

1. 山药去皮洗净、切滚刀块；土鸡肉洗净、切块备用。
2. 将电饭锅洗净，按下开关，直接加入少许油，放入土鸡肉块炒香。
3. 锅中加入姜片、枸杞子、山药块、1200毫升水及调料，盖上锅盖，按下开关，蒸炖约35分钟即可。

牛蒡红枣鸡汤

材料
鸡腿2只（约400克）、牛蒡100克、红枣8颗、葱段适量、热水600毫升

调料
盐1/4小匙、米酒适量

做法
① 牛蒡刷洗干净，去皮切斜片；红枣洗净备用。
② 鸡腿洗净，放入加了米酒和葱段的滚水中汆烫，捞出洗净。
③ 电饭锅内锅放入牛蒡片、红枣、鸡腿和600毫升热水，外锅加1.5杯水，按下开关，煮至开关跳起，加入盐调味，再焖10分钟即可。

蘑菇木耳鸡汤

材料
鸡肉 600克、蘑菇 200克、黑木耳 80克、水600毫升

调料
米酒50毫升、盐1茶匙

做法
① 鸡肉洗净后剁小块；蘑菇及黑木耳洗净切小块，备用。
② 煮一锅水，水滚后将鸡肉下锅汆烫约1分钟后取出，冷水洗净沥干。
③ 将烫过的鸡肉块放入电饭锅内锅，加入蘑菇和黑木耳、600毫升水、米酒，外锅加2杯水，盖上锅盖，按下开关。
④ 待开关跳起，加入盐调味即可。

什锦菇养生鸡汤

材料

A
杏鲍菇	50克
金针菇	40克
秀珍菇	30克
黑珍珠菇	40克
白精灵菇	40克

B
鸡腿	2只
	（约450克）
葱丝	适量
姜丝	15克
热水	700毫升

调料

米酒	1小匙
盐	1/2小匙

做法

① 材料A洗净沥干。

② 取一锅水烧热，放入鸡腿肉氽烫，捞出洗净。

③ 电饭锅内锅放入鸡腿肉、姜丝、米酒和700毫升热水，外锅加1.5杯水，按下开关，煮至开关跳起。

④ 续放入材料A，外锅再加1/3杯水，按下开关，煮至开关再次跳起，加入盐和葱丝调味即可。

27

萝卜味噌鸡汤

材料

鸡肉	500克
白萝卜	250克
白味噌	50克
葱花	10克
热水	900毫升

调料

| 白糖 | 1/4小匙 |

做法

① 白萝卜洗净去皮，切大块。

② 鸡肉洗净，放入加了米酒（分量外）的滚水中氽烫，捞出洗净。

③ 电饭锅内锅放入白萝卜块、鸡肉和900毫升热水，外锅加1.5杯水，按下开关，煮至开关跳起。

④ 白味噌以少许水调匀，和葱花、盐一起加入锅内，外锅加1/3杯水，按下开关，煮至开关跳起即可。

茶油鸡汤

材料

茶油	3大匙
鸡翅	500克
姜片	20克
枸杞子	10克
热水	500毫升

调料

盐	少许
米酒	200毫升

做法

❶ 鸡翅洗净，冲入沸水烫去血水、捞起，以冷水洗净备用。

❷ 将茶油、姜片、鸡翅、米酒及500毫升热水放入电饭锅内锅中。

❸ 外锅加1杯水，按下开关，煮至开关跳起，再焖5分钟，加入枸杞子与盐调味即可。

茶香鸡汤

材料

茶叶	适量
鸡肉	600克
蟹味菇	120克
姜丝	10克
热水	900毫升

调料

米酒	1大匙
盐	1/2小匙

做法

① 茶叶以300毫升热水浸泡至茶色变深；鸿喜菇去除蒂头，洗净备用。

② 鸡肉洗净，放入加了米酒（材料外）的滚水中氽烫，捞出洗净沥干。

③ 电饭锅内锅放入茶叶与茶汁、蟹味菇、鸡肉、姜丝、米酒和其余600毫升热水，外锅加1.5杯水，按下开关，煮至开关跳起，再焖10分钟，最后加入盐调味即可。

大头菜鸡汤

材料

大头菜	300克
鸡肉	600克
虾仁	20克
热水	1000毫升

调料

米酒	1大匙
胡椒粉	少许
盐	1/2小匙

做法

1. 虾仁洗净，以适量米酒（材料外）浸泡5分钟，捞出沥干；大头菜洗净去皮，切块备用。

2. 鸡肉洗净切大块，放入加了米酒（材料外）的滚水中汆烫，捞出洗净沥干。

3. 电饭锅内锅放入干虾仁、大头菜、鸡肉、米酒和1000毫升热水，按下开关，煮至开关跳起，焖10分钟后，加入盐和胡椒粉调味即可。

腰果蜜枣鸡汤

材料

腰果	50克
蜜枣	90克
鸡肉	600克
姜片	10克
热水	1000毫升

调料

盐	1小匙

做法

1. 腰果和蜜枣洗净，备用。

2. 鸡肉洗净切大块，放入加了米酒（材料外）的滚水中汆烫，捞出洗净。

3. 电饭锅内锅放入腰果、蜜枣、鸡肉块、姜片和1000毫升热水，外锅加2杯水，按下开关，煮至开关跳起，再焖10分钟，最后加入盐调味即可。

萝卜炖鸡汤

材料
白萝卜	300克
土鸡	1/4只
老姜	30克
葱	1根
水	600毫升

调料
盐	1小匙
米酒	1大匙

做法
1. 土鸡剁小块,放入滚水汆烫1分钟后,捞出洗净备用。
2. 白萝卜去皮洗净切滚刀块,放入滚水汆烫1分钟后,捞出备用。
3. 老姜去皮洗净切片;葱洗净切段,备用。
4. 将做法1~3的所有食材、600毫升水和所有调料都放入内锅中,外锅加1杯水,按下开关,煮至开关跳起,捞出葱段即可。

糙米炖鸡汤

材料

糙米	1/2杯
仿土鸡肉	1只
枸杞子	10克
姜片	15克
水	6杯

调料

盐	少许

做法

1. 糙米洗净，用果汁机打碎备用。
2. 仿土鸡肉切大块，用热开水洗净沥干备用。
3. 取内锅，放入仿土鸡肉、姜片、打碎的糙米、枸杞子及水6杯。
4. 将内锅放入电饭锅中，外锅放2杯水（分量外），盖锅盖后按下启动开关，待开关跳起，加盐调味即可。

清炖鸡汤

材料
鸡肉块	600克
姜片	5克
葱段	30克
水	1200毫升

调料
盐	适量
绍兴酒	4大匙

做法
1. 鸡肉块放入沸水中汆烫去血水，捞出洗净备用。
2. 将所有材料、绍兴酒放入电饭锅中，外锅加1杯水（分量外），盖上锅盖，按下开关，待开关跳起，继续焖30分钟后，加入盐调味即可。

月桂西芹鸡汤

材料
月桂叶　　3~4片
西芹　　　2根
鸡肉　　　600克
热水　　　750毫升

调料
盐　　　　1/4小匙

做法
① 西芹洗净，切斜片；月桂叶洗净备用。

② 鸡肉洗净切大块，放入加了米酒（材料外）的滚水中汆烫，捞出洗净。

③ 电饭锅内锅放入西芹、鸡肉块、月桂叶和750毫升热水，外锅加1.5杯水，按下开关，煮至开关跳起。

④ 最后加入盐调味即可。

芹菜鸡汤

材料

芹菜	80克
鸡肉	600克
香菜	10克
蒜	15瓣
水	600毫升

调料

绍兴酒	50毫升
盐	1茶匙

做法

1. 鸡肉洗净后剁小块；香菜及芹菜洗净切小段，备用。

2. 煮一锅水，水滚后将鸡肉块下锅氽烫约1分钟后取出，用冷水洗净沥干。

3. 将氽烫过的鸡肉块放入电饭锅内锅，加入600毫升水、绍兴酒、芹菜、香菜及蒜瓣，外锅加2杯水，盖上锅盖，按下开关。

4. 待开关跳起，加入盐调味即可。

海带黄豆芽鸡汤

材料

海带结	60克
黄豆芽	50克
棒棒腿	400克
姜片	10克
热水	700毫升

调料

米酒	1大匙
盐	1/4小匙

做法

1. 海带结泡水1小时，洗净沥干；黄豆芽、棒棒腿都洗干净备用。

2. 取一锅水煮滚，放入少许姜片（分量外）和黄豆芽汆烫，捞出备用。

3. 原锅中放入棒棒腿汆烫，捞出洗净。

4. 电饭锅内锅放入海带结、黄豆芽、棒棒腿、姜片、米酒和700毫升热水，外锅加1.5杯水，按下开关，煮至开关跳起，再焖10分钟，加入盐调味即可。

南瓜豆浆鸡汤

材料

南瓜	200克
原味热豆浆	600毫升
鸡肉	400克

调料

盐	1/4小匙

做法

1. 南瓜刷洗干净，切厚片备用。
2. 鸡肉洗净，放入加了米酒和姜片（分量外）的滚水中汆烫，捞出洗净。
3. 电饭锅内锅放入南瓜块、鸡肉和600毫升热豆浆，外锅加1.5杯水，按下开关，煮至开关跳起，再焖10分钟，最后加入盐调味即可。

香菇参须炖鸡翅

材料

香菇	10朵
参须	10克
鸡翅（双节翅）	600克
姜片	5克
水	1200毫升

调料

盐	1.5茶匙
米酒	2大匙

做法

❶ 鸡翅放入沸水中氽烫一下；香菇泡水，备用。

❷ 将所有材料与米酒放入电饭锅内锅，外锅加1杯水（分量外），盖上锅盖，按下开关，待开关跳起，继续焖30分钟后，加入盐调味即可。

黄瓜玉米鸡汤

材料

黄瓜	150克
玉米	150克
鸡肉	600克
小鱼干	15克
香菜	少许
热水	1200毫升

调料

盐	1小匙
胡椒粉	少许

做法

1. 玉米洗净切段；黄瓜洗净去皮，切大块；小鱼干洗净备用。
2. 鸡肉洗净；取一锅水煮滚，放入少许米酒（材料外），再放入鸡肉汆烫，捞出洗净备用。
3. 电饭锅内锅放入玉米、黄瓜、小鱼干、鸡肉和1200毫升热水，外锅加1.5杯水，按下开关，煮至开关跳起，再焖10分钟，最后加入香菜、盐和胡椒粉调味即可。

苹果鸡汤

📋 材料

苹果（双色）	200克
鸡翅	600克
山楂	10克
热水	1000毫升

🧂 调料

盐	1小匙

📋 做法

① 苹果外皮洗净去籽，切块备用。

② 鸡翅洗净；取一锅水煮滚，放入鸡翅汆烫，捞出洗净。

③ 电饭锅内锅放入苹果块、鸡翅、山楂和1000毫升热水，外锅加1.5杯水，按下开关，煮至开关跳起，再焖10分钟，最后加入盐调味即可。

胡椒黄瓜鸡汤

材料
黄瓜	1/2根
土鸡	1/2只
水	800毫升

调料
盐	1/2茶匙
鸡精	1/2茶匙
绍兴酒	1茶匙
白胡椒粒	1.5茶匙

做法
1. 土鸡剁小块、汆烫洗净，备用。
2. 黄瓜去皮、洗净，去籽切块，备用。
3. 白胡椒粒放在砧板上，用刀面压破，备用。
4. 取一内锅，放入土鸡、黄瓜、白胡椒粒，再加入800毫升水及其余所有调料。
5. 将内锅放入电饭锅里，外锅加入1杯水，盖上锅盖，按下开关，煮至开关跳起即可。

花瓜香菇鸡汤

材料
罐头花瓜　　50克
干香菇　　　30克
鸡腿块　　　200克
水　　　　　800毫升

调料
酱油　　　　1大匙

做法
❶ 干香菇洗净，泡入水中至软；鸡腿块洗净备用。

❷ 将罐头花瓜、鸡腿块、泡开的干香菇、800毫升水和调料放入电饭锅内，外锅加入2杯水，按下电饭锅开关，煮至开关跳起即可。

四物鸡汤

材料

A

| 土鸡肉块 | 900克 |

B

当归	10克
川芎	5克
熟地	15克
红枣	6颗
炙甘草	2片
桂枝	3克
白芍	15克

C

| 水 | 500毫升 |

调料

| 米酒 | 700毫升 |

做法

1. 将土鸡肉块洗净后，放入沸水中汆烫备用。
2. 将材料B的中药材洗净沥干。
3. 将土鸡肉块、中药材、米酒和700毫升水放入电饭锅内锅中，外锅加2杯水，按下开关，煮至开关跳起后，再焖10分钟即可。

木耳炖鸡翅汤

材料

新鲜黑木耳	150克
二节鸡翅	5只
红枣	6颗
姜	10克
水	6杯

调料

盐	适量

做法

1. 黑木耳洗净、去蒂头，放入果汁机中，加少许水（分量外）打成汁；姜洗净去皮切丝；红枣洗净，备用。
2. 鸡翅用热开水洗净沥干备用。
3. 取一内锅，放入黑木耳汁、红枣、鸡翅、姜丝及水6杯。
4. 将内锅放入电饭锅，外锅放1杯水（分量外），盖锅盖后按下开关，待开关跳起后，加盐调味即可。

香菇鸡爪汤

材料

泡发香菇	6朵
肉鸡爪	300克
姜片	20克
水	600毫升

调料

盐	2/4小匙
鸡精	1/4小匙
米酒	40毫升

做法

1. 将鸡爪的爪尖及胫骨去掉，放入滚水中汆烫约10秒后洗净。
2. 泡发香菇洗净，与鸡爪、姜片一起放入内锅中，倒入600毫升水及米酒。
3. 电饭锅外锅倒入1杯水，放入内锅。
4. 按下开关，蒸至开关跳起后，加入其余调料调味即可。

栗子鸡爪汤

材料
栗子   8颗
鸡爪   10只
红枣   6颗
老姜片   15克
葱白   2根
水   800毫升

调料
盐   1/2茶匙
鸡精   1/2茶匙
绍兴酒   1茶匙

做法
① 鸡爪剁去爪尖、氽烫洗净，备用。

② 栗子泡热水、挑去余皮；红枣洗净，备用。

③ 取一内锅，放入鸡爪、栗子、老姜片和葱白，再加入800毫升水及所有调料。

④ 将内锅放入电饭锅里，外锅加入1.5杯水（分量外），盖上锅盖、按下开关，煮至开关跳起后，捞出姜片、葱白即可。

何首乌鸡汤

材料

A
乌骨鸡肉块　900克
B
何首乌　　　35克
当归　　　　12克
黄芪　　　　20克
红枣　　　　8颗
炙甘草　　　3片
C
水　　　　　800毫升

调料

米酒　　　　300毫升

做法

1 将乌骨鸡肉块洗净后，放入沸水中汆烫备用。

2 将材料B的中药材洗净沥干。

3 将乌骨鸡肉块、所有中药材、米酒和800
毫升水放入电饭锅内锅中，外锅加2杯水，
按下开关，煮至开关跳起后，再焖10分钟
即可。

白菜鸡爪汤

材料
包心大白菜　400克
鸡爪　　　　10只
姜片　　　　4片
葱段　　　　1根
水　　　　　500毫升

调料
盐　　　　　1小匙

做法

① 包心大白菜用手剥成大片状洗净，放入滚水中氽烫后捞出，用冷水冲凉沥干备用。

② 鸡爪剪掉前面尖爪再对半剖开，放入滚水中氽烫后，捞出洗净备用。

③ 将白菜、鸡爪、姜片、葱段、500毫升水和调料全部放入电饭锅内锅中，外锅加入1杯水，按下开关，煮至开关跳起即可。

黑豆鸡汤

材料
黑豆	60克
鸡肉	800克
红枣	6颗
姜片	10克
热水	800毫升

调料
米酒	2大匙
盐	1小匙

做法

1. 黑豆洗净，以200毫升水（分量外）浸泡约5小时；红枣洗净备用。

2. 鸡肉洗净；取一锅水煮滚，放入鸡肉汆烫，捞出洗净备用。

3. 电饭锅内锅放入黑豆、红枣、鸡肉、米酒、800毫升热水，外锅加2杯水，按下开关，煮至开关跳起，最后加入盐调味，再焖10分钟即可。

参须天门冬鸡汤

材料

A
土鸡肉块　　900克
B
参须　　　　30克
当归　　　　10克
黄芪　　　　10克
天门冬　　　15克
枸杞子　　　10克
C
水　　　　　900毫升

调料

米酒　　　　200毫升

做法

1. 将土鸡肉块洗净后，放入沸水中氽烫，捞出备用。

2. 将材料B的中药材洗净沥干。

3. 将土鸡肉块、中药材、米酒和900毫升水放入电饭锅内锅中，外锅加1.5杯水，按下开关，煮至开关跳起后，再焖10分钟即可。

参须红枣鸡汤

材料

参须	30克
红枣	10颗
土鸡	1只
水	600毫升
老姜片	3片

调料

盐	1茶匙
绍兴酒	1大匙

做法

1. 土鸡洗净，放入滚水中氽烫，捞起备用。
2. 红枣、参须洗净备用。
3. 将土鸡、红枣、参须放入内锅，加入600毫升水、老姜片、盐和绍兴酒。
4. 将内锅放入电饭锅中，外锅加2杯水，按下开关，待开关跳起即可。

党参黄芪炖鸡汤

材料

党参	8克
黄芪	4克
土鸡腿	120克
红枣	8颗
水	400毫升

调料

盐	1/2茶匙
米酒	1/2茶匙

做法

1. 土鸡腿剁小块备用。

2. 取一汤锅，加入适量水煮至滚沸后，放入土鸡腿块汆烫约1分钟后取出、洗净，放入电饭锅内锅中。

3. 将党参、黄芪和红枣用清水略微冲洗后，与400毫升水一起加入电饭锅内锅中。

4. 电饭锅外锅加入350毫升水（分量外）后，放入内锅，盖上锅盖，按下开关，待开关跳起，再焖20分钟，最后加入盐及米酒调味即可。

甘蔗鸡汤

材料
甘蔗　　200克
鸡肉　　700克
姜汁　　20毫升
热水　　1100毫升

调料
盐　　　1小匙

做法
1. 将甘蔗外皮彻底刷洗干净，切小块；鸡肉洗净切大块，备用。
2. 取一锅水煮滚，放入鸡肉汆烫，捞出洗净，备用。
3. 电饭锅内锅放入甘蔗块、鸡肉、姜汁和热水，外锅加1.5杯水（分量外），按下开关，煮至开关跳起，再焖10分钟，最后加入盐调味即可。

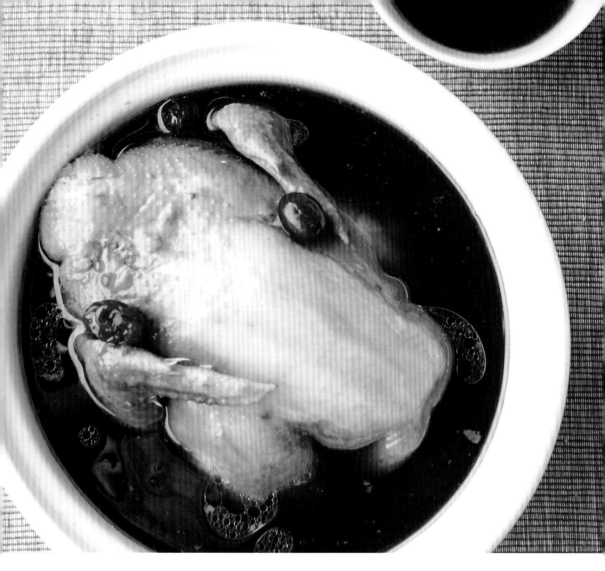

八宝鸡汤

材料

八珍药材	1副
小土鸡	1只
红枣	6颗
水	8杯

调料

盐	适量

做法

① 八珍药材、小土鸡分别洗净，将八珍药材用棉布袋装好备用。

② 取一内锅，放入八珍药包、小土鸡、红枣及水8杯。

③ 将内锅放入电饭锅，外锅放2杯水（分量外），盖锅盖后按下开关，待开关跳起后，再加盐调味即可。

青蒜浓汤

材料

青蒜苗	2棵
西芹	1棵
洋葱	1/2个
去骨鸡腿	1只
鲜奶油	1杯
水	8杯

调料

盐	少许

做法

1. 青蒜苗、西芹洗净切段；洋葱洗净切丁，备用。
2. 去骨鸡腿切小块，用热开水冲洗干净，沥干备用。
3. 外锅放1/4杯水，按下开关。
4. 取内锅放入外锅中，待锅热后倒入少许油，放入蒜苗、洋葱丁、西芹段爆香。
5. 再放入鸡腿块炒香，加入水8杯，外锅再放1.5杯水，盖锅盖后按下开关，待开关跳起，加入鲜奶油拌均匀，加盐调味后即可。

烹饪小秘方

电饭锅除了炖煮外，也可以用来炒菜。只要将外锅加水待热后，放入内锅就可以了，如果你的电饭锅外锅很干净，还可以直接把外锅当炒锅用，不过事后清理就稍微麻烦一点。

桂花银耳鸡汤

材料

桂花	适量
银耳	15克
乌骨鸡	600克
姜丝	10克
热水	1000毫升

调料

米酒	1大匙
盐	1小匙

做法

① 银耳洗净，以清水泡至柔软后去蒂头，沥干水分，撕小朵。

② 乌骨鸡洗净切大块，放入加了米酒（材料外）的滚水中汆烫，捞出洗净。

③ 电饭锅内锅放入银耳、鸡肉块、姜丝、米酒和1000毫升热水，外锅加1.5杯水，按下开关，煮至开关跳起。

④ 最后加入桂花和盐调味即可。

菠萝苦瓜鸡汤

材料

苦瓜	1/2个
仿土鸡腿	1只
小鱼干	10克
水	8杯

调料

菠萝酱	2大匙

做法

❶ 仿土鸡腿切大块，用热开水冲洗干净，沥干备用。

❷ 小鱼干洗净泡水软化后沥干；苦瓜去内膜、去籽，洗净切条，备用。

❸ 取一内锅，放入土鸡腿块、小鱼干、苦瓜、菠萝酱及水8杯。

❹ 将内锅放入电饭锅中，外锅放2杯水（分量外），盖锅盖后按下开关，待开关跳起即可。

芥菜鸡汤

材料

芥菜	200克
土鸡肉	1/2只
干干贝	2个
米酒	2大匙
姜	30克
枸杞子	1大匙
水	8杯

调料

盐	少许

做法

① 干干贝用米酒浸泡，放入电饭锅蒸10分钟至软化后，取出剥丝备用。

② 土鸡肉切大块，用热开水冲洗干净，沥干备用。

③ 芥菜洗净切段；姜洗净切丝；枸杞子洗净沥干，备用。

④ 取一内锅，放入土鸡块、芥菜段、姜丝、枸杞子及水8杯，撒上干贝丝。

⑤ 将内锅放入电饭锅中，外锅放2杯水（分量外），盖锅盖后按下开关，待开关跳起后，加盐调味即可。

柿饼鸡汤

材料

柿饼	3个
仿土鸡腿	1只
枸杞子	10克
水	8杯

调料

盐	少许

做法

1. 枸杞子洗净；仿土鸡腿切大块，用热开水洗净沥干，备用。
2. 取一内锅，放入鸡腿、柿饼、枸杞子及水8杯。
3. 将内锅放入电饭锅，外锅放2杯水（分量外），盖锅盖后按下开关，待开关跳起后，加盐调味即可。

牛蒡鸡汤

材料
牛蒡茶包	1包
棒棒腿	2只
红枣	6颗
水	5杯

调料
盐	适量

做法

① 红枣洗净备用。

② 棒棒腿用热开水洗净，沥干备用。

③ 取一内锅，放入棒棒腿、红枣、牛蒡茶包及水5杯。

④ 将内锅放入电饭锅，外锅放1杯水（分量外），盖锅盖后按下开关，待开关跳起后，加盐调味即可。

香菇牡蛎鸡爪汤

材料
干香菇	6朵
牡蛎	30克
鸡爪	6只
猪后腿肉	150克
陈皮	1片
姜片	15克
葱白	2根
水	800毫升

调料
盐	1/2茶匙
鸡精	1/2茶匙
绍兴酒	1茶匙

做法
1. 鸡爪剁去指尖、氽烫洗净；猪后腿肉切小块，氽烫洗净，备用。
2. 香菇泡水至软去蒂头；牡蛎略洗；陈皮泡水至软去白膜、切小块；姜片、葱白用牙签串起，备用。
3. 取一内锅，放入鸡爪、猪后腿肉、香菇、牡蛎、陈皮、姜片和葱白，再加入800毫升水及所有调料。
4. 将内锅放入电饭锅里，外锅加入1.5杯水，盖上锅盖、按下开关，煮至开关跳起，捞出姜片、葱白即可。

山药乌骨鸡汤

材料

山药	150克
乌骨鸡	1/4只
枸杞子	1茶匙
老姜片	10克
葱白	2根
水	800毫升

调料

盐	1/2茶匙
鸡精	1/2茶匙
绍兴酒	1茶匙

做法

1. 乌骨鸡剁小块、氽烫洗净，备用。
2. 山药去皮洗净切块，氽烫后过冷水，备用。
3. 姜片、葱白用牙签串起，备用。
4. 取一内锅，放入乌骨鸡、山药块、姜片和葱白，再加入枸杞子、800毫升水及所有调料。
5. 将内锅放入电饭锅里，外锅加入1杯水，盖上锅盖，按下开关，煮至开关跳起后，捞出姜片、葱白即可。

人参枸杞子鸡汤

材料

人参	2支
枸杞子	20克
土鸡	1500克
姜片	15克
保鲜膜	1大张
红枣	20克
水	1500毫升

调料

盐	2茶匙
米酒	3大匙

做法

① 把土鸡放入滚水中汆烫5分钟后捞起，用清水冲洗去血水脏污，沥干后放入电饭锅内锅中，备用。

② 将所有药材用冷水清洗后放在土鸡上，再把姜片、盐、料理米酒与1500毫升水一并放入，在锅口封上保鲜膜。

③ 电饭锅外锅加300毫升水，按下开关，炖煮约90分钟即可。

红枣山药鸡汤

材料

红枣	12颗
山药	200克
土鸡	1/2只
	（约800克）
枸杞子	5克
姜片	30克
水	800毫升

调料

米酒	50毫升
盐	1茶匙

做法

1. 鸡肉洗净后剁小块；山药去皮洗净切小块，备用。
2. 煮一锅水，水滚后将鸡肉块下锅汆烫约1分钟后取出，用冷水洗净后沥干，备用。
3. 将汆烫过的鸡肉块放入电饭锅内锅，加入800毫升水、米酒、山药块、枸杞子、红枣及姜片，外锅加2杯水，盖上锅盖，按下开关。
4. 待开关跳起，加入盐调味即可。

白果炖鸡

材料

白果	150克
鸡肉	600克
西芹	80克
姜末	10克
水	200毫升

调料

绍兴酒	30毫升
盐	1/2茶匙

做法

① 鸡肉洗净后剁小块；西芹去粗丝洗净切小段，备用。

② 煮一锅水，水滚后将鸡肉块下锅汆烫约1分钟后取出，用冷水洗净后沥干。

③ 将汆烫好的鸡肉块放入电饭锅内锅，加入200毫升水、绍兴酒、西芹段、白果及姜片，外锅加1杯水，盖上锅盖，按下开关。

④ 待开关跳起，加入盐调味即可。

椰汁红枣鸡汤

材料

青椰子	1个
红枣	12颗
土鸡	1/2只
	（约800克）
姜片	30克

调料

米酒	50毫升
盐	1茶匙

做法

① 椰子切开后，将椰汁倒入容器中；鸡肉洗净后剁小块，备用。

② 煮一锅水，水滚后将鸡肉下锅氽烫约1分钟后取出，用冷水洗净后，沥干备用。

③ 将鸡肉放入电饭锅内锅，加入椰汁、米酒、红枣及姜片，外锅加2杯水，盖上锅盖，按下开关。

④ 待开关跳起，加入盐调味即可。

烹饪小秘方

电子锅做法同电饭锅，但水量要增加100毫升，按下开关后，炖煮约40分钟即可关掉开关。

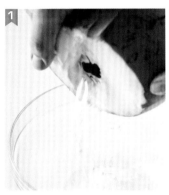

四神鸡汤

材料

鸡肉	600克
芡实	15克
莲子	15克
淮山	20克
茯苓	10克
薏米	80克
川芎	5克
水	1200毫升

调料

米酒	30毫升
盐	1小匙

做法

1. 将所有中药材洗净，以1200毫升水浸泡1~2小时，备用。
2. 鸡肉洗净切大块，放入加了少许米酒（分量外）的滚水中汆烫，捞出洗净。
3. 电饭锅内锅放入所有中药材（含水），以及鸡肉、米酒，外锅加2杯水，按下开关，煮至开关跳起，再焖10分钟，最后加入盐调味即可。

姜片木瓜黄豆炖鸡爪

材料

姜片	15克
青木瓜	300克
黄豆	50克
鸡爪	300克
胡萝卜	80克
水	800毫升

调料

米酒	30毫升
盐	1/2小匙

做法

1. 鸡爪洗净切块，放入滚水中氽烫3分钟，捞起沥干备用。

2. 黄豆提前洗净泡水6小时后，放入滚水中氽烫3分钟，捞起沥干备用。

3. 青木瓜去皮去籽洗净后切块；胡萝卜去皮洗净切块。

4. 将鸡爪、黄豆、青木瓜、胡萝卜、米酒和姜片、800毫升水放入电饭锅内锅中，外锅加2杯水，按下开关，煮至开关跳起。

5. 打开锅盖，加入盐拌匀，再焖5分钟即可。

莲子枸杞子鸡爪汤

材料

莲子	50克
枸杞子	5克
鸡爪	300克
姜片	8克
水	400毫升

调料

盐	1/2茶匙
米酒	30毫升

做法

1. 将鸡爪趾甲及胫骨剁掉，放入滚水中氽烫约半分钟后，洗净放入电饭锅内锅中。

2. 枸杞子及莲子洗净后，与姜片、400毫升水及米酒一起加入电饭锅内锅中。

3. 电饭锅外锅加入2杯水，放入内锅，盖上锅盖后按下开关，待开关跳起。

4. 再焖5分钟后，开盖加入盐调味即可。

栗子炖鸡

材料

栗子	100克
鸡肉块	600克
红枣	12颗
姜片	10克
水	800毫升

调料

酱油	2大匙
盐	1/2小匙
鸡精	1/4小匙
米酒	1大匙

做法

1. 将栗子提前泡水6小时，去外膜、汆烫，捞出备用。
2. 将鸡肉块汆烫后洗净备用。
3. 取一内锅，放入栗子及鸡肉块，加入红枣、姜片及800毫升水；将内锅放入电饭锅中，外锅加2杯水，煮至开关跳起，加入所有调料调味，再焖10分钟至软烂即可。

杏仁鸡汤

材料
杏仁	20克
土鸡	1/2只
老姜片	10克
水	800毫升

调料
盐	1/2小匙
鸡精	1/2小匙
绍兴酒	1小匙

做法
1. 杏仁洗净，用300毫升水泡8小时，再用果汁机打成汁，并过滤掉残渣，备用。
2. 土鸡剁小块、汆烫洗净，备用。
3. 取一内锅，放入杏仁汁、鸡块，再加入老姜片、500毫升水及其余调料。
4. 将内锅放入电饭锅里，外锅加入1杯水（分量外），盖上锅盖、按下开关，煮至开关跳起后，捞除姜片即可。

狗尾鸡汤

材料

鸡肉	600克
姜片	5克
狗尾草	100克
水	1200毫升

调料

盐	1.5茶匙
米酒	50毫升

做法

1. 鸡肉块放入沸水中汆烫去血水，捞出洗净备用。
2. 将狗尾草、所有材料与米酒放入电饭锅内锅中，外锅加1杯水（分量外），盖上锅盖，按下开关，待开关跳起，继续焖30分钟后，加入盐调味即可。

金线莲鸡汤

材料

金线莲	7克
鸡肉块	600克
姜片	5克
水	1200毫升

调料

盐	1.5茶匙
白糖	1/2茶匙
米酒	2大匙

做法

① 鸡肉块放入沸水中汆烫去血水；将金线莲包入药包袋中，备用。

② 将所有材料与米酒放入电饭锅内锅，外锅加1杯水（分量外），盖上锅盖，按下开关，待开关跳起，继续焖30分钟后，加入其余调料调味即可。

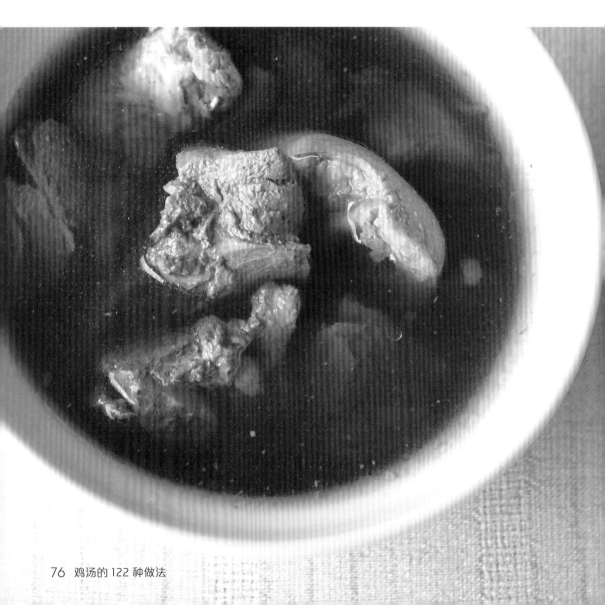

PART 2

汤锅慢炖篇

汤锅煮鸡汤的三大步骤

1. 辛香料可先以少许油爆香，汤头风味更佳。
2. 先以中火煮开，捞去浮沫杂质，再转小火慢炖，汤汁最纯厚浓郁。
3. 不耐久煮的食材起锅前再放入，可保留食材原汁与口感。

菜脯鸡汤

材料

陈年菜脯	100克
菜脯	50克
鸡肉	900克
蒜	50克
水	1200毫升

调料

米酒	3大匙
白糖	1小匙

做法

1. 蒜去皮洗净；陈年菜脯洗净；菜脯洗净泡水约10分钟，捞出沥干水分备用。

2. 鸡肉洗净切大块，放入滚水中汆烫，捞出洗净，备用。

3. 另起一锅烧热，加少许食用油，放入蒜炒香，再放入1200毫升水、陈年菜脯、鸡肉和米酒，以小火煮约50分钟，最后放入白糖和菜脯煮滚即可。

干贝鲜笋鸡汤

材料

干贝	20克
绿竹笋	120克
乌骨鸡肉	300克
泡发香菇	20克
姜片	15克
水	1200毫升

调料

盐	1/2茶匙
鸡精	1/4茶匙

做法

1 乌骨鸡肉剁小块，放入滚水中氽烫去除血污，捞出用冷水冲凉、洗净；绿竹笋洗净切小块，备用。

2 干贝用60毫升冷水浸泡约30分钟后，连汤汁与乌骨鸡肉块、绿竹笋块、香菇、姜片一起放入汤锅中，再加入1200毫升水，以中火煮至滚沸。

3 待鸡汤滚沸后捞去浮沫，再转小火，盖上锅盖煮约1.5小时，关火起锅后，加入所有调料调味即可。

芥菜乌骨鸡汤

材料
芥菜心	100克
乌骨鸡肉	300克
泡发香菇	5朵
姜丝	15克
水	1200毫升

调料
米酒	15毫升
盐	1/2茶匙
鸡精	1/4茶匙

做法

① 乌骨鸡肉剁小块，放入滚水中氽烫去血水，再捞出用冷水冲凉、洗净；芥菜心洗净切小块；泡发香菇洗净切片，备用。

② 将鸡肉块、芥菜心、香菇与姜丝一起放入汤锅中，加入1200毫升水，以中火煮至滚沸。

③ 待鸡汤滚沸后捞去浮沫，再转小火，加入料理米酒，不盖锅盖煮约30分钟，关火起锅后，加入盐与鸡精调味即可。

槟榔心鲜鸡汤

材料

槟榔心	80克
土鸡肉	300克
枸杞子	5克
姜丝	15克
水	1200毫升

调料

米酒	15毫升
盐	1/2茶匙
鸡精	1/4茶匙

做法

1. 土鸡肉剁小块，放入滚水中汆烫去血水，再捞出用冷水冲凉洗净；槟榔心洗净切段，备用。
2. 将土鸡块、槟榔心与姜丝、枸杞子一起放入汤锅中，加入1200毫升水，以中火煮至滚沸。
3. 待鸡汤滚沸后捞去浮沫，再转小火，加入米酒，不盖锅盖煮约30分钟，关火起锅后，加入盐与鸡精调味即可。

蒜瓣鸡汤

材料

蒜	60克
乌骨鸡	500克
蒜苗	10克
水	850毫升

调料

米酒	30毫升
盐	1/2小匙

做法

① 蒜去皮洗净；蒜苗洗净切斜片，备用。

② 乌骨鸡洗净切大块；取一锅水煮滚，放入乌骨鸡汆烫，捞出洗净，备用。

③ 锅烧热，加少许食用油，放入蒜炒香，再放入850毫升水、米酒和汆烫好的乌骨鸡，以小火煮约30分钟，最后放入盐和蒜苗即可。

酸白菜鸡汤

材料

酸白菜	200克
鸡翅	600克
鲜虾	120克
蒜苗	25克
水	1300毫升

调料

盐	1小匙
米酒	少许

做法

① 酸白菜切段；鲜虾洗净，去除肠泥，剪去长须，备用。

② 鸡翅洗净；取一锅水加少许米酒煮沸，放入鸡翅氽烫，捞出洗净，备用。

③ 汤锅中依序放入酸白菜、鸡翅和1300毫升水，以小火煮约30分钟，最后放入鲜虾、盐和蒜苗，煮2分钟即可。

蛤蜊冬瓜鸡汤

材料

蛤蜊	150克
冬瓜	150克
仿土鸡肉	300克
姜丝	15克
水	1200毫升

调料

米酒	15毫升
盐	1/2茶匙
鸡精	1/4茶匙

做法

1. 蛤蜊用滚水汆烫约15秒后取出、冲凉水，用小刀将壳打开后，把沙洗净，备用。

2. 仿土鸡肉剁小块，放入滚水中汆烫去血水，再捞出用冷水冲凉洗净；冬瓜去皮洗净切厚片，与处理好的仿土鸡肉块、姜丝一起放入汤锅中，再加入1200毫升水，以中火煮至滚沸。

3. 待鸡汤滚沸后捞去浮沫，再转小火，加入米酒，不盖锅盖煮约30分钟至冬瓜软烂后，接着加入蛤蜊，待鸡汤再度滚沸后，加入盐与鸡精调味即可。

香菇松子鸡汤

材料

干香菇	7朵
松子仁	1大匙
全鸡	1只
蒜	10瓣
姜	5克
水	800毫升

调料

米酒	2大匙
盐	少许
白胡椒粉	少许
香油	1小匙

做法

① 土鸡洗净，放入滚水中汆烫过水备用。

② 蒜洗净；姜去皮洗净切片；干香菇泡水至软，去蒂洗净备用。

③ 取一汤锅，依序放入土鸡、姜片、蒜、香菇、松子仁、800毫升水和所有调料。

④ 以中火煮约30分钟，过程中再以汤匙捞去浮沫即可。

麻辣鸡汤

材料

A

洋葱丝	15克
干辣椒	10克
草果	2颗
豆蔻	10克

B

鸡肉	800克
葱段	20克
水	1400毫升

调料

盐	1小匙
花椒粒	10克
八角	2颗

做法

① 鸡肉洗净切大块，放入滚水中氽烫，捞出洗净，备用。

② 锅烧热，加少许食用油，放入材料A和花椒、八角炒香，再放入1400毫升水和氽烫好的鸡肉，以小火煮约50分钟，最后放入盐和葱段即可。

藕片炖土鸡

材料

莲藕	250克
土鸡	1/2只（约600克）
姜片	50克
沸水	1500毫升

调料

盐	1小匙
鸡精	1/2小匙
米酒	120毫升

做法

1. 莲藕去皮洗净切片状，浸泡在盐水（材料外）中防止氧化变黑，备用。
2. 土鸡洗净，切成适当大小的块状，放入滚水中汆烫去除血水，捞出再冲洗干净，备用。
3. 取一汤锅，放入土鸡块、莲藕片、沸水1500毫升及所有调料，封上保鲜膜，放入蒸锅中，以大火蒸约30分钟即可。

竹笋鸭舌草鸡汤

材料

竹笋	1/2根
鸭舌草	80克
乌骨鸡	1/2只
姜	30克
水	1500毫升

调料

盐	1小匙

做法

1. 乌骨鸡洗净剁小块，放入滚水中氽烫，捞出沥干水分备用。

2. 竹笋洗净切片；鸭舌草泡水洗去沙粒后切小段；姜去皮洗净拍碎备用。

3. 取一汤锅，加入1500毫升水和鸡块、竹笋、鸭舌草、姜，以小火煮约1小时，最后加盐调味即可。

西红柿蔬菜鸡汤

材料

西红柿	100克
胡萝卜	70克
芹菜	40克
蒜	20克
香菜茎	10克
乌骨鸡肉	300克
水	1200毫升

调料

| 盐 | 1/2茶匙 |
| 鸡精 | 1/4茶匙 |

做法

1. 乌骨鸡肉剁小块，放入滚水中氽烫去血水，再捞出用冷水冲凉洗净，放入汤锅中备用。
2. 西红柿、胡萝卜洗净切小块；芹菜挑去老叶洗净切长段；香菜茎、蒜洗净。
3. 将所有准备好的材料一起加入汤锅中。
4. 将汤锅以中火煮至滚沸，待滚沸后捞去浮沫，再转小火，盖上锅盖煮约1.5小时，关火起锅后，加入所有调料调味即可。

剥皮辣椒鸡汤

材料
剥皮辣椒　　　80克
剥皮辣椒汁　　50毫升
土鸡肉　　　　300克
蒜　　　　　　15克
水　　　　　　1200毫升

调料
盐　　　　　　少许
米酒　　　　　少许

做法

① 土鸡肉剁小块，放入滚水中氽烫去血水，再捞出用冷水冲凉、洗净，放入汤锅中。

② 在汤锅中续加入剥皮辣椒、剥皮辣椒汁、蒜、1200毫升水，以中火煮至滚沸。

③ 待鸡汤滚沸后捞去浮沫，再转小火，不盖锅盖煮约30分钟，关火后加入所有调料调味即可。

菱角鸡汤

材料
菱角肉	100克
仿土鸡肉	300克
枸杞子	5克
姜丝	15克
水	1200毫升

调料
盐	1/2茶匙
鸡精	1/4茶匙

做法
1. 仿土鸡肉剁小块，放入滚水中汆烫去血水，再捞出用冷水冲凉洗净，备用。
2. 将菱角肉与仿土鸡肉块、姜丝、枸杞子一起放入汤锅中，加入1200毫升水，以中火煮至滚沸。
3. 待鸡汤滚沸后捞去浮沫，再转小火，加入米酒，不盖锅盖煮约30分钟，关火起锅后，加入盐与鸡精调味即可。

紫苏梅竹笋鸡汤

材料

紫苏梅	6颗
绿竹笋	300克
鸡肉	400克
姜片	5克
水	1300毫升

调料

盐	少许
鸡精	少许
米酒	1小匙

做法

① 鸡肉洗净，放入沸水中汆烫去除血水，捞起以冷水洗净，备用。

② 绿竹笋洗净，切成块状，备用。

③ 取一汤锅，放入水1300毫升以中火煮至沸腾，放入鸡肉、绿竹笋块，转小火续煮约30分钟。

④ 将紫苏梅、姜片放入汤锅中，以小火再煮20分钟后，加入所有调料拌匀即可。

青木瓜黄豆炖鸡汤

材料

青木瓜	300克
黄豆	100克
土鸡肉块	900克
红枣	10颗
水	1800毫升

调料

盐	1/2茶匙
米酒	50毫升

做法

① 将黄豆洗净，泡水6小时后捞出备用。

② 将黄豆放入沸水中汆烫3分钟。

③ 青木瓜洗净去皮（保留木瓜皮备用），切块。

④ 将土鸡肉块汆烫一下。

⑤ 将黄豆、青木瓜、土鸡块、木瓜皮、红枣、米酒和1800毫升水放入锅中，大火煮滚后转小火续煮40分钟，最后加入盐，焖10分钟即可。

西芹鸡茸汤

材料

西芹	200克
鸡胸肉	300克
牛油或奶油	1大匙
鲜奶	100毫升
面粉	1大匙
水	600毫升

调料

盐	1/2茶匙

做法

1. 将牛油放入锅中以小火烧融，加入面粉略炒至均匀吸收，盛出备用。

2. 鸡胸肉洗净，沥干水分后剁成鸡茸备用。

3. 西芹洗净，放入600毫升滚水中以小火煮20分钟，捞出泡入冷水中，冷却后切成细末，汤汁留下备用。

4. 将煮西芹的汤汁以中小火煮开，先加入盐煮匀，再将鸡蓉徐徐加入并立刻搅散，加入鲜奶煮匀后徐徐加入面糊，待汤汁浓稠后加入西芹末即可。

土豆炖鸡汤

材料

土豆	1个
鸡腿	1只
姜	10克
胡萝卜	50克
葱	1根
水	1000毫升

调料

奶油	20克
盐	少许
白胡椒粉	少许
米酒	1大匙
五香粉	1大匙

做法

1. 先将鸡腿洗净切大块，放入滚水中稍微氽烫，捞起沥干备用。

2. 土豆、胡萝卜去皮洗净，切滚刀状；姜洗净切片、葱洗净切段，备用。

3. 取一炒锅，加入1大匙色拉油（材料外），先放入姜片、葱段爆香，再放入土豆块、胡萝卜块略微拌炒。

4. 加入鸡腿肉块，以中火翻炒均匀。

5. 然后加入1000毫升水和所有的调料，再以小火炖煮约25分钟即可。

红豆乌骨鸡汤

🥘 材料

乌骨鸡肉块	300克
红豆	100克
红枣	5颗
老姜片	10克
水	2000毫升

🧂 调料

米酒	1大匙
盐	1小匙

🍳 做法

1. 将乌骨鸡肉块洗净，放入沸水中汆烫去除血水，捞起用冷水洗净；红枣洗净。

2. 红豆洗净，放入冷水中浸泡约3小时备用。

3. 取一汤锅，放入红豆和2000毫升水，以大火煮约10分钟。

4. 然后加入鸡肉，转小火续煮约20分钟。

5. 将红枣、老姜片放入锅中，继续煮30分钟后，加入所有调料拌匀即可。

粉丝煨鸡汤

材料

粉丝	1捆
乌骨鸡	1/2只
当归	3片
红枣	6颗
老姜	20克
水	1200毫升

调料

盐	1茶匙
绍兴酒	30毫升

做法

1. 乌骨鸡剁块状，放入滚水中氽烫去除血水、洗净，备用。
2. 老姜洗净切片；粉丝泡水，备用。
3. 热一锅，放入适量色拉油，加入姜片炒香，加入乌骨鸡块，以中火炒约5分钟后取出。
4. 将炒好的乌骨鸡块放入砂锅中，加入1200毫升水及当归、红枣、绍兴酒，盖上锅盖以小火煮约45分钟后，加盐、粉丝煮至软烂即可。

金针菇鸡汤

材料

金针菇	1包
鸡胸肉	100克
姜片	少许
胡萝卜片	20克
葱段	10克
水	500毫升

腌料

淀粉	少许
米酒	少许

调料

A

盐	少许
白糖	少许
胡椒粉	少许

B

香油	少许

做法

1. 金针菇去根洗净备用；鸡胸肉洗净切片，加入腌料拌匀腌10分钟。
2. 锅中加入500毫升水烧滚后，放入姜片、胡萝卜片与腌好的鸡肉片，以小火煮滚，再放入金针菇与调料A略拌，最后放入葱段、淋上香油即可。

秋葵鸡丁汤

材料

秋葵	8只
鸡胸肉	120克
姜丝	20克
水	400毫升

调料

盐	少许

做法

① 秋葵洗净去蒂，切薄片，备用。

② 鸡胸肉洗净，放入沸水中略汆烫，取出切小丁。

③ 锅中加入400毫升水煮滚后，放入鸡胸肉丁和姜丝，待鸡肉熟后，再放入秋葵片和盐拌匀即可。

鸡蓉玉米浓汤

材料

鸡胸肉	35克
玉米酱 （罐头）	1罐
鸡蛋	1个
香菜	适量
大骨高汤	200毫升

调料

盐	1/4小匙
白糖	1小匙
白胡椒粉	1/4小匙
水淀粉	1大匙
牛奶	50毫升
香油	1小匙

做法

① 鸡胸肉洗净剁碎；鸡蛋打散成蛋液，备用。

② 大骨高汤入锅后倒入玉米酱，煮至沸腾后转小火，加入盐、白糖及白胡椒粉拌匀。

③ 再加入鸡肉末搅散，煮至鸡胸肉末全熟，再用水淀粉勾薄芡。

④ 加入牛奶拌匀后关火，淋入蛋液后略拌匀，再淋上香油、撒上香菜即可。

洋葱嫩鸡浓汤

材料

洋葱	400克
鸡腿	1只
蘑菇	100克
奶油	1大匙

调料

A
盐	少许
黑胡椒粉	少许

B
水	600毫升
米酒	1大匙
盐	少许
黑胡椒粉	少许

做法

1. 洋葱去皮洗净切丝；蘑菇洗净切片；鸡腿洗净切适当大小，撒上调料A，拌匀备用。

2. 热锅，倒入1大匙色拉油，放入奶油融化后，加入洋葱丝以中小火炒至糖褐色，取出备用。

3. 锅中再倒入少许油，放入鸡腿肉煎至上色，取出鸡腿肉，放入蘑菇片也煎至上色，取出备用。

4. 将600毫升水加入锅中煮至沸腾，加入洋葱、鸡腿肉、蘑菇，续煮约10分钟，再加入其余的调料B拌匀即可。

花生鸡爪汤

材料

带皮花生仁	100克
鸡爪	20只
猪排骨	200克
水	1000毫升
姜片	3片
葱段	2根

调料

盐	1茶匙
米酒	1大匙

做法

① 先将花生仁泡水3小时。

② 鸡爪洗净，切去指尖后放入滚水中氽烫，再捞起沥干备用。

③ 猪排骨洗净后放入滚水中氽烫，去除血水脏污后捞起。

④ 取一汤锅，放入花生仁、鸡爪和猪排骨，再加入姜片、葱段和1000毫升水，以小火炖约1小时后，加入所有调料拌匀煮滚即可。

烧酒鸡

材料

土鸡	1/2只
当归	5克
黄芪	少许
广皮	少许
枸杞子	少许
红枣	2颗

调料

米酒	适量
盐	少许

做法

① 将土鸡洗净后切块，再过水汆烫备用。

② 取一汤锅，把所有材料与鸡肉同时放入汤锅中，将米酒倒入汤锅中到盖满食材为止，以大火煮开之后，在汤的表面点火烧至无火，加入盐再转小火炖煮30分钟至熟烂即可。

麻油鸡汤

材料

土鸡肉块	900克
姜片	50克
水	900毫升

调料

米酒	300毫升
盐	1/2小匙
冰糖	1/2小匙
麻油	3大匙

做法

1 将土鸡肉块洗净，汆烫备用。

2 热锅后加入麻油，放入姜片炒至微焦，再放入土鸡肉块，炒至变色后先加入米酒炒香，再加入900毫升水煮滚，转小火煮30分钟。

3 最后加入剩余的调料煮匀即可。

黄芪川七鸡汤

材料

棒棒腿	300克
香菇	50克
黄芪	20
川七	10克
枸杞	5克
水	1500毫升

调料

盐	少许
米酒	少许

做法

1. 棒棒腿洗净，放入沸水中汆烫以去除血水，捞起后用冷水洗净；香菇泡软后切块，备用。

2. 将1500毫升水放入砂锅内煮沸后，放入棒棒腿，以大火煮沸后转小火煮30分钟。

3. 将香菇块和其余材料放入砂锅内，煮约1小时，起锅前加入所有调料即可。

韩式人参鸡汤

材料

鲜人参条	10克
童子鸡	1000克
糯米	60克
去壳栗子	6颗
红枣	4颗
松子仁	5克
姜泥	1/4茶匙
蒜泥	1/4茶匙
鸡高汤	600毫升
葱花	适量
竹签	1支

调料

盐	1/4茶匙

做法

1. 童子鸡洗净去骨；糯米洗净泡水2小时后，捞起沥干；去壳栗子泡温水1小时，用牙签挑出残皮，备用。
2. 将糯米、栗子、红枣、松子仁、姜泥、蒜泥一起拌匀后，再加入盐混合拌匀。
3. 将混合好的馅料塞入童子鸡腔内，再塞入鲜人参。
4. 将童子鸡用竹签缝合，放入汤锅内，再倒入鸡高汤，以小火慢炖约4小时，食用时撒上葱花即可。

无花果淮山鸡汤

材料

无花果	50克
淮山	20克
乌骨鸡肉	300克
黄瓜	90克
姜片	15克
水	1200毫升

调料

盐	1/2茶匙
鸡精	1/4茶匙

做法

1. 乌骨鸡肉剁小块，放入滚水中汆烫去血水，再捞出用冷水冲凉洗净；黄瓜去皮、去籽后，洗净切小块，与乌骨鸡肉块一起放入汤锅中，再加入1200毫升水备用。

2. 然后将无花果、淮山、姜片一起加入汤锅中，以中火煮至滚沸。

3. 待鸡汤滚沸后捞去浮沫，再转小火，盖上锅盖煮约1.5小时，起锅后加入所有调料调味即可。

皂角米红枣鸡汤

材料

皂角米	40克
红枣	6颗
土鸡肉	300克
姜片	15克
水	1200毫升

调料

盐	1/2茶匙
鸡精	1/4茶匙

做法

1. 皂角米用冷水（分量外）浸泡约2小时至涨发后，捞出沥干水分备用。

2. 土鸡肉剁小块，放入滚水中汆烫去血水，再捞出用冷水冲凉洗净备用。

3. 将处理好的土鸡肉块与泡好的皂角米一起放入汤锅中，加入1200毫升水，续加入红枣及姜片，以中火煮至滚沸。

4. 待鸡汤滚沸后捞去浮沫，再转小火，盖上锅盖煮约1.5小时，起锅后加入所有调料调味即可。

绿豆茯苓鸡汤

材料

绿豆	40克
茯苓	10克
土鸡肉	300克
红枣	5颗
水	1200毫升

调料

盐	1/2茶匙
鸡精	1/4茶匙

做法

1. 绿豆用冷水（分量外）浸泡约2小时后，倒去水，备用。

2. 将土鸡肉剁小块，放入滚水中汆烫去血水，再捞出用冷水冲凉洗净，与绿豆、茯苓、红枣一起放入汤锅中，加入1200毫升水，以中火煮至滚沸。

3. 待鸡汤滚沸后捞去浮沫，再转小火，盖上锅盖煮约1.5小时至绿豆熟烂，起锅后加入所有调料调味即可。

香菇炖鸡肉汤

材料

干香菇	10朵
鸡肉块	600克
葱段	20克
水	800毫升

调料

酱油	4大匙
冰糖	1小匙
盐	1/4小匙
米酒	1大匙

做法

1. 干香菇洗净泡软，去梗备用。
2. 热锅，加入2大匙食用油后，放入泡软的香菇、葱段爆香，再放入鸡肉块和调料炒香。
3. 然后倒入800毫升水煮滚，再以小火炖约15分钟即可。

砂锅香菇鸡汤

材料
干香菇	6朵
鸡腿	2只
葱	1根
姜	15克
蒜	3瓣
水	适量

调料
酱油膏	1大匙
酱油	1大匙
鸡精	1小匙
米酒	1大匙

做法
1. 先将鸡腿洗净切成小块，再放入滚水中汆烫去血水后捞起，备用。
2. 将干香菇放入冷水中浸泡约30分钟至软备用；葱洗净切段；姜和蒜瓣洗净切片备用。
3. 取一砂锅，放入汆烫好的鸡腿肉块、香菇、姜片、蒜片，以及适量水和所有调料，混合均匀后煮开。
4. 继续煮约15分钟至入味，最后再加入葱段搅拌均匀即可。

油豆腐鸡汤

材料
鸡腿　　　300克
油豆腐　　200克
干香菇　　6朵
蒜末　　　1/2小匙
葱花　　　1/2小匙
鸡高汤　　500毫升

调料
沙茶酱　　1/2大匙
酱油　　　1/2小匙
白糖　　　1/4小匙
酒　　　　1大匙

做法
1. 鸡腿切块，放入滚水中氽烫去血水，捞起冲水洗净备用。
2. 油豆腐放入滚水中氽烫一下，捞起备用。
3. 干香菇泡水后捞起沥干。
4. 取锅炒香蒜末，放入汤锅中，再加入鸡腿块、鸡高汤、所有调料、油豆腐和干香菇以小火炖煮约10分钟，撒上葱花即可。

莲藕白果鸡汤

材料

乌骨鸡肉	300克
莲藕	60克
红枣	5颗
白果	40克
姜片	15克
水	1200毫升

调料

盐	1/2小匙
鸡精	1/4小匙

做法

1. 无骨鸡肉洗净剁成小块，放入沸水中汆烫后去除血水，捞出，用冷水冲洗干净，备用。

2. 莲藕去皮、切小块，与红枣、白果、姜片、无骨鸡肉放入汤锅中，加入水。

3. 将做法2以中火煮沸后捞去浮沫，转小火，盖上锅盖煮约1.5小时，关火后取出加入所有调料即可。

山药胡椒鸡汤

材料
山药	500克
鸡肉	500克
姜片	15克
水	800毫升

调料
米酒	50毫升
盐	1/2茶匙
白胡椒粒	1大匙

做法

❶ 鸡肉剁小块后氽烫洗净沥干；山药去皮洗净切粗条沥干，备用。

❷ 将800毫升水倒入汤锅中，煮开后放入鸡肉块、山药条及白胡椒粒、姜片、米酒。

❸ 盖锅盖，煮开后转小火，炖煮约40分钟，最后再加入盐调味即可。

淮山莲子鸡汤

材料

淮山	30克
莲子	80克
鸡肉	500克
参须	15克
姜片	15克
水	1000毫升

调料

米酒	50毫升
盐	1/2茶匙
白糖	1/2茶匙

做法

1. 莲子洗净泡水30分钟后沥干，淮山及参须略冲洗沥干备用。

2. 鸡肉剁成小块，放入滚水汆烫10秒，取出用冷水冲净。

3. 将1000毫升水加入汤锅中，煮滚后放入莲子、淮山、参须及鸡肉、姜片、米酒。

4. 盖上锅盖煮滚后，改转小火炖煮约50分钟，再加入盐和白糖调味即可。

桂圆党参煲乌骨鸡

材料

桂圆肉	30克
党参	20克
乌骨鸡	500克
枸杞子	7克
姜片	15克
水	1000毫升

调料

绍兴酒	50毫升
盐	1/2茶匙

做法

1. 党参及枸杞子略冲洗沥干。
2. 乌骨鸡剁成小块，放入滚水汆烫10秒，取出用冷水冲净。
3. 将1000毫升水加入汤锅，煮开后放入党参、枸杞子及乌骨鸡肉、桂圆肉、姜片、绍兴酒。
4. 盖上锅盖煮滚后，改转小火炖煮约50分钟，再加入盐调味即可。

竹荪花菇鸡汤

📋 材料

竹荪	8根
花菇	10朵
土鸡	1只
	（约1400克）
姜片	4片
葱白段	3根
枸杞子	1茶匙
鸡高汤	1000毫升

🧂 调料

盐	1.5茶匙
绍兴酒	1茶匙

📖 做法

1. 土鸡处理干净后，先放入滚水中略烫过，捞起备用。
2. 花菇浸泡在冷水中至软，切去蒂头。
3. 竹荪浸泡在冷水中至湿软，先去蒂头再分切小段。
4. 将全部材料放入大汤锅中，盖上锅盖，煮约90分钟后，再加入调料调味即可。

银耳椰子煲鸡汤

材料

银耳	10克
椰子汁	400毫升
鸡肉	500克
姜片	15克
水	400毫升

调料

米酒	50毫升
盐	1/2茶匙

做法

① 银耳洗净泡水30分钟后沥干。

② 鸡肉剁成小块，放入滚水中汆烫10秒，取出用冷水冲净。

③ 将400毫升水和椰子汁加入汤锅中，煮滚后放入银耳及鸡肉、姜片、米酒。

④ 盖上锅盖煮滚后，改转小火炖煮约50分钟，再加入盐调味即可。

红枣花生鸡爪汤

材料
红枣	8颗
花生仁	80克
鸡爪	600克
当归	7克
水	适量

调料
米酒	50毫升
盐	1/2茶匙

做法
1. 花生仁洗净泡水1小时后沥干，当归及红枣略冲洗沥干。
2. 鸡爪洗净剁去指尖，在胫骨上直切一刀划开外皮，剁断胫骨并移除，再将去骨鸡爪放入滚水中汆烫30秒，取出冲净。
3. 将清水加入汤锅中，煮滚后放入鸡爪、花生仁、当归、红枣及米酒。
4. 盖上锅盖煮滚后，改转小火炖煮约60分钟，再加入盐调味即可。

牛蒡当归鸡汤

🥬 材料

牛蒡	100克
当归	7克
鸡肉	500克
黄芪	10克
熟地	10克
枸杞子	5克
姜片	15克
水	1000毫升

🥣 调料

米酒	50毫升
盐	1/2茶匙

📋 做法

❶ 牛蒡去皮洗净切小段，黄芪、当归、熟地、枸杞子冲洗沥干。

❷ 鸡肉剁成小块，放入滚水中氽烫10秒，取出用冷水冲净。

❸ 将1000毫升水加入汤锅中，煮滚后放入牛蒡、黄芪、当归、熟地、枸杞子及鸡肉、姜片、米酒。

❹ 盖上锅盖煮滚后，改转小火炖煮约60分钟，再加入盐调味即可。

牛肝菌炖乌骨鸡汤

材料

牛肝菌	20克
乌骨鸡	500克
红枣	10颗
姜片	20克
水	1000毫升

调料

米酒	50毫升
盐	1/2茶匙

做法

① 牛肝菌洗净泡水10分钟后沥干，红枣略冲洗沥干备用。

② 乌骨鸡剁成小块，放入滚水汆烫10秒，取出用冷水冲净。

③ 将1000毫升水加入汤锅中，煮滚后放入牛肝菌、红枣及乌骨鸡肉、姜片、米酒。

④ 盖上锅盖煮滚后，转小火炖煮约50分钟，再加入盐调味即可。

参须鸡汤

材料

参须	15克
仿土鸡	1/2只
红枣	5颗
姜片	20克
水	600毫升

调料

米酒	1茶匙
盐	1/2茶匙

做法

1. 仿土鸡剁块、放入滚水中氽烫约2分钟，再捞出洗净沥干，备用。

2. 参须洗净，泡水30分钟后沥干；红枣洗净、沥干，备用。

3. 取一汤锅，放入鸡块、参须、红枣、姜片，再加入600毫升水以大火煮滚后，转小火盖上盖子，继续炖煮约1.5小时，再加入米酒及盐拌匀煮滚即可。

咖哩鸡汤

材料

鸡腿	3只
土豆	1个
红葱头	30克
蒜瓣	2瓣
胡萝卜	1/3个
水	600毫升

调料

咖哩粉	2大匙
盐	少许
白胡椒粉	少许

做法

1. 将鸡腿洗净剁成块状，再放入滚水中快速汆烫过水备用。
2. 土豆去皮洗净切小块状，蒜、红葱头都洗净切片状备用。
3. 起一炒锅，先将咖哩粉以小火炒香，再加入鸡肉、土豆块、蒜片、红葱头、600毫升水，最后加入所有的调料烩煮至土豆软化即可。

西红柿鸡肉浓汤

材料

西红柿块	200克
（去皮）	
鸡腿肉	50克
西芹块	10克
土豆块	50克
洋葱块	10克
橄榄油	1大匙
甜桃片	30克
鸡高汤	400毫升

调料

鸡精	1/4小匙
番茄酱	1大匙

做法

① 鸡腿肉洗净切小块，放入锅内煎熟取出备用。

② 锅内倒入橄榄油，放入西红柿块、洋葱块、西芹块炒香。

③ 加入土豆块、番茄酱、鸡高汤，以小火熬煮约20分钟后放置冷却。

④ 将冷却的高汤放入果汁机中打匀，倒回锅中，加入鸡精调味，放入鸡腿肉块煮沸，起锅前再放上甜桃片装饰即可。

PART 3

汤盅蒸炖篇

汤盅煮鸡汤的三大步骤

1. 前置处理要干净，鸡肉汆烫和食材清洗都要仔细，汤汁才能保持清澈无杂质。

2. 蒸煮时间要足够，让食材和药材完全煮透，营养成分充分释放到汤汁中。

3. 在蒸锅水中放入一只金属汤匙，若撞击声变小或停止，要随时补充热水。

干贝蹄筋鸡汤

材料

干贝	20克
蹄筋	100克
土鸡肉	200克
金华火腿	50克
姜片	15克
水	500毫升

调料

盐	3/4茶匙
鸡精	1/4茶匙

做法

1. 土鸡肉洗净剁小块；蹄筋及金华火腿切小块，一起放入滚水中汆烫去血水后，再捞出用冷水冲凉洗净，备用。

2. 干贝用60毫升冷水浸泡约30分钟后，连汤汁与土鸡肉块、蹄筋块、金华火腿块、姜片一起放入汤盅中，再加入500毫升水，盖上保鲜膜。

3. 将汤盅放入蒸笼中，以中火蒸约1.5小时，蒸好取出后，加入所有调料调味即可。

干贝莲藕鸡汤

材料

干贝	3个
莲藕	200克
棒棒腿	300克
莲子	30克
姜片	5克
水	750毫升

调料

盐	少许
米酒	少许

做法

1. 棒棒腿洗净，冲沸水烫去血水，捞起以冷水洗净备用。

2. 干贝以50毫升米酒（分量外）泡软；莲藕去皮洗净，切片状；莲子洗净，备用。

3. 取汤盅放入所有材料和调料，盖上保鲜膜蒸约80分钟即可。

白果萝卜鸡汤

材料

鲜白果	40克
白萝卜	100克
土鸡肉	200克
红枣	5颗
姜片	15克
水	500毫升

调料

盐	3/4茶匙
鸡精	1/4茶匙

做法

1. 土鸡肉剁小块，放入滚水中汆烫去血水，再捞出用冷水冲凉洗净，备用。

2. 白萝卜去皮洗净后切小块，与处理好的土鸡肉块、白果、红枣、姜片一起放入汤盅中，再加入500毫升水，盖上保鲜膜。

3. 将汤盅放入蒸笼中，以中火蒸约1.5 小时，关火取出后，再加入所有调料调味即可。

栗子香菇鸡汤

材料

鲜栗子	100克
泡发香菇	5朵
土鸡肉	200克
姜片	15克
水	500毫升

调料

盐	3/4茶匙
鸡精	1/4茶匙

做法

1 土鸡肉剁小块，放入滚水中汆烫去血水，再捞出用冷水冲凉洗净，备用。

2 香菇洗净切小片，与处理好的土鸡肉块、鲜栗子、姜片一起放入汤盅中，再加入500毫升水，盖上保鲜膜。

3 将汤盅放入蒸笼中，以中火蒸约1.5小时，关火取出后，加入所有调料调味即可。

香水椰子鸡汤

材料
仿土鸡腿肉　　150克
椰子　　　　　1个
枸杞子　　　　3克
淮山　　　　　10克

调料
盐　　　　　　1/2茶匙
鸡精　　　　　1/4茶匙

做法
1. 拿锯刀在椰子顶部约1/5处锯开椰子壳，拿掉盖子，倒出椰子汁，备用（将椰子壳放在碗上以免倾倒）。
2. 仿土鸡腿肉剁小块，放入滚水中氽烫去血水，再捞出用冷水冲凉洗净，备用。
3. 将仿土鸡腿肉块与枸杞子、淮山一起放入椰子壳内，再将椰子汁倒回椰子壳内至约9分满，盖上椰子盖。
4. 将椰子放入蒸笼中，以中火蒸约1小时，取出后加入所有调料调味即可。

冬笋土鸡汤

材料

腌冬笋	200克
土鸡	1只
姜	5克
干香菇	5朵
胡萝卜	10克
水	适量

调料

鸡精	1小匙
米酒	2大匙
盐	少许
白胡椒粉	少许
香油	1小匙

做法

1. 土鸡洗净，放入滚水中汆烫过水备用。

2. 将腌冬笋洗净切成片状；姜、胡萝卜洗净切片；干香菇泡水至软去蒂头，洗净备用。

3. 取汤盅，将土鸡、腌冬笋、姜、胡萝卜、干香菇和所有调料依序放入。

4. 在汤盅上包上保鲜膜，再放入加有适量清水的电饭锅内，外锅加4杯水，蒸至开关跳起即可。

沙参玉竹鸡汤

材料

沙参	4克
玉竹	5克
土鸡肉	200克
麦冬	8克
姜片	15克
水	500毫升

调料

米酒	10毫升
盐	3/4茶匙
鸡精	1/4茶匙

做法

1. 土鸡肉剁小块，放入滚水中汆烫去血水，再捞出用冷水冲凉、洗净，备用。
2. 将处理好的土鸡肉块与其他材料一起放入汤盅中，再加入500毫升水、米酒，盖上保鲜膜。
3. 将汤盅放入蒸笼中，以中火蒸约1小时，蒸好取出后，加入盐与鸡精调味即可。

金针菇银耳鸡汤

材料
金针菇	10克
银耳	8克
土鸡肉	200克
红枣	6颗
姜片	15克
水	500毫升

调料
米酒	10毫升
盐	3/4茶匙
鸡精	1/4茶匙

做法
1. 土鸡肉剁小块，放入滚水中氽烫去血水，再捞出用冷水冲凉、洗净，放入汤盅中，加入500毫升水，备用。
2. 银耳及金针菇以冷水（分量外）浸泡约5分钟，泡开后将银耳剥小块，再将银耳、金针菇捞出，与红枣、姜片、米酒一起加入汤盅中，盖上保鲜膜。
3. 将汤盅放入蒸笼中，以中火蒸约1小时，蒸好取出后，加入盐、鸡精调味即可。

百合芡实炖鸡汤

材料

干百合	25克
芡实	20克
土鸡肉	200克
桂圆肉	20克
姜片	15克
水	500毫升

调料

盐	3/4茶匙
鸡精	1/4茶匙

做法

1. 土鸡肉剁小块，放入滚水中汆烫去血水，再捞出用冷水冲凉、洗净，放入汤盅中，加入500毫升水备用。

2. 干百合浸泡在冷水（分量外）中约5分钟，泡软后倒去水，与桂圆肉、芡实及姜片一起加入汤盅中，盖上保鲜膜。

3. 将汤盅放入蒸笼中，以中火蒸约1小时，蒸好取出后，加入所有调料调味即可。

荸荠茅根鸡汤

材料

去皮荸荠	80克
茅根	2克
乌骨鸡肉	200克
黄芪	5克
红枣	5颗
姜片	15克
水	500毫升

调料

盐	3/4茶匙
鸡精	1/4茶匙

做法

1. 乌骨鸡肉剁小块，放入滚水中汆烫去血水，再捞出用冷水冲凉洗净，备用。

2. 将去皮荸荠、茅根、黄芪、红枣、姜片与处理好的乌骨鸡肉块放入汤盅中，再加入500毫升水，盖上保鲜膜。

3. 将汤盅放入蒸笼中，以中火蒸约1小时，蒸好后取出，加入所有调料调味即可。

淮山枸杞炖乌骨鸡

材料

淮山	5克
枸杞子	1大匙
乌骨鸡	1/4只
水	2000毫升
红枣	6颗
姜片	1片

调料

米酒	2大匙
盐	少许

做法

1. 乌骨鸡洗净切大块,过水汆烫备用。

2. 取一炖盅,加入2000毫升水、乌骨鸡块、淮山、枸杞子、红枣、姜片、米酒后,在炖盅口上封一层保鲜膜。

3. 放入蒸笼里,以大火蒸90分钟后取出,加盐调味即可。

雪蛤银耳鸡汤

材料

干雪蛤	3克
银耳	6克
土鸡肉	200克
红枣	5颗
姜片	15克
水	500毫升

调料

盐	3/4茶匙
鸡精	1/4茶匙

做法

1. 雪蛤提前用200毫升冷水（分量外）泡一晚后，挑去筋膜，放入滚水中汆烫；银耳泡水（分量外）约5分钟，待银耳泡开后剥小块，倒去水备用。

2. 土鸡肉剁小块，放入滚水中汆烫去血水，再捞出用冷水冲凉洗净。

3. 将处理好的土鸡肉块、雪蛤一起放入汤盅中，再加入500毫升水，续加入银耳与红枣、姜片，盖上保鲜膜。

4. 将汤盅放入蒸笼中，以中火蒸约1小时，蒸好取出后，加入所有调料调味即可。

罗汉果香菇鸡汤

材料
罗汉果	8克（约1/2颗）
泡发香菇	5朵
鸡肉	200克
桂圆肉	5克
姜片	15克
水	500毫升

调料
盐	3/4茶匙
鸡精	1/4茶匙

做法

1. 土鸡肉剁小块，放入滚水中氽烫去血水，再捞出用冷水冲凉洗净，备用。

2. 泡发香菇洗净切小块，与处理好的土鸡肉块及罗汉果、姜片、桂圆肉一起放入汤盅中，再加入500毫升水，盖上保鲜膜。

3. 将汤盅放入蒸笼中，以中火蒸约1小时，蒸好取出后，加入所有调料调味即可。

药炖乌骨鸡

材料

A

当归	4克
熟地	4克
人参片	12克
红枣	20颗
川芎	4克
参须	1把
枸杞子	4克

B

乌骨鸡	1200克
生姜	5片
水	600毫升

调料

米酒	50毫升
盐	1/2小匙

做法

1. 枸杞子洗净泡软沥干；乌骨鸡去内脏洗净，备用。

2. 将参须塞入乌骨鸡腹内，备用。

3. 取一汤盅，放入乌骨鸡、枸杞子和其他所有的材料A，再加入姜片及600毫升水、米酒，用保鲜膜密封，放入蒸笼用大火蒸约40分钟后熄火取出，最后加入盐调味即可。

绍兴醉鸡

材料

土鸡腿	550克
铝箔纸	1张
当归	3克
枸杞子	5克

调料

A
盐	1/6小匙

B
绍兴酒	300毫升
水	200毫升
盐	1/4小匙
鸡精	1小匙

做法

1. 土鸡腿去骨后在内侧均匀撒上盐，再用铝箔纸卷成圆筒状，开口卷紧。

2. 电饭锅外锅倒入1.5杯水（材料外），放入蒸架，将用铝箔纸卷好的鸡腿卷放入，盖上锅盖，按下开关，蒸至开关跳起，取出放凉。

3. 当归切小片，加入枸杞子和调料B一起煮滚约1分钟，放凉成汤汁备用。

4. 将蒸好的鸡腿撕去铝箔纸，浸泡入汤汁，冷藏一晚后切片即可。

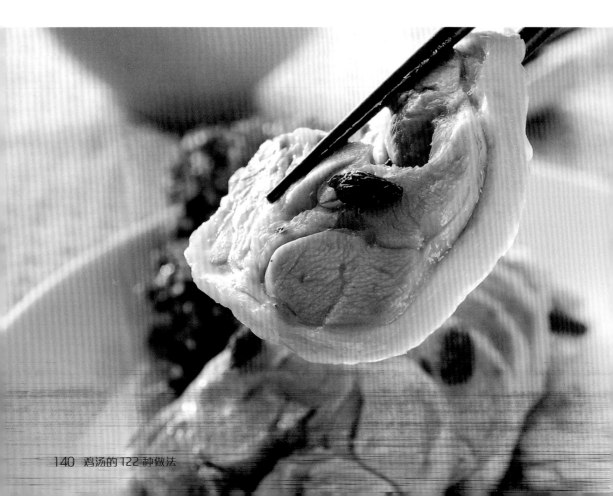

盐水鸡

📋 材料

土鸡	1/2只
水	4000毫升
葱	1根
姜	2片
姜丝	2大匙
香菜	适量
鸡汤	50毫升

🧂 调料

A	
盐	1大匙
白胡椒粉	少许
米酒	1大匙
B	
盐	1/2小匙
C	
陈皮	少许
桂皮	少许
八角	1个
甘草粉	少许

🍳 做法

① 将土鸡洗净后，加入调料A一起腌渍1小时备用。

② 取一汤锅，锅中放入4000毫升水、陈皮、桂皮、八角、甘草粉、葱、姜一起烧开后，放入鸡转小火煮10分钟熄火，盖上锅盖焖置10分钟后，取出放凉备用。

③ 食用时将鸡切块，并将鸡汤和调料B调匀后浇淋在鸡块上，最后摆上姜丝、香菜做装饰即可。

花雕鸡

材料

仿土鸡	1/2只
红葱头	30克
蒜	5瓣
干辣椒	5个
芹菜	30克
洋葱	30克
黑木耳	50克
葱段	30克

腌料

花雕酒	3大匙
酱油	2茶匙
盐	1/4茶匙
白糖	1/4茶匙
淀粉	1茶匙

调料

A

辣豆瓣酱	1大匙
花雕酒	3大匙
蚝油	1大匙
麻酱	1/2茶匙
白糖	1茶匙
鸡精	1茶匙
水	1碗

B

花雕酒	1大匙

做法

① 仿土鸡洗净剁小块，加入所有腌料拌匀，腌渍约1小时，备用。

② 红葱头及蒜洗净切片；干辣椒洗净切小段；洋葱洗净切小块；芹菜洗净切段；黑木耳洗净切小片，备用。

③ 热锅，放入2大匙色拉油，将鸡块煎至两面金黄后盛出，备用。

④ 继续于锅中放入蒜片、红葱头片、干辣椒段、洋葱块以小火炸至金黄，再加入鸡块及所有调料A炒匀，加入适量清水，转小火，盖上锅盖焖煮约15分钟。

⑤ 接着开盖加入芹菜段、黑木耳片、葱段拌炒1分钟，再淋入调料B的花雕酒炒匀后，盛入小锅中即可。

冰梅酱鸡腿

材料

鸡腿	1只
姜	10克
葱	1根
熟西蓝花	2朵
乌梅	3颗

调料

蜂蜜	2大匙
盐	少许
白胡椒粉	少许

做法

1. 鸡腿洗净，姜与葱洗净切成片状。

2. 将鸡腿、姜、青葱一起放入汤锅中，加入适量清水至盖过鸡腿，再盖上锅盖，以中火煮滚5分钟，再熄火焖15分钟，捞起备用。

3. 将乌梅去籽切碎备用。

4. 取一个容器，将乌梅碎与其余的调料一起加入，再用汤匙混合拌匀。

5. 最后将煮好的鸡腿摆入盘中，并摆上熟西蓝花，再淋入调制好的冰梅酱即可。

白斩鸡

材料
土鸡	1只
（约1500克）	
姜片	3片
葱段	10克
蒜末	少许
红辣椒末	少许
鸡汤	150毫升

调料
素蚝油	50毫升
酱油膏	少许
白糖	少许
香油	少许
米酒	少许

做法

❶ 土鸡洗净、去毛，沥干后放入沸水中氽烫，再捞出沥干，重复上述动作3～4次后，取出沥干备用。

❷ 将鸡放入装有冰块的盆中，将整只鸡外皮冰镇冷却，再放回原锅中，加入米酒、姜片及葱段，适量清水（材料外），以中火煮约15分钟后熄火，盖上盖子续焖约30分钟。

❸ 取150毫升鸡汤，加入蒜末、红辣椒末和其余调料调匀，即为白斩鸡蘸酱。

❹ 将煮好的鸡肉取出，待凉后剁块盛盘，食用时搭配白斩鸡蘸酱即可。

贵妃鸡

📋 材料

熟土鸡	1只
蒜碎	10克
姜碎	20克
洋葱片	50克
葱段	1根
虾米	20克
干贝	10克
香菇	4朵
水	3000毫升
草果	3粒
甘草	3克
八角	6颗

🧂 调料

盐	2大匙
鸡精	1大匙
白糖	1茶匙
米酒	1大匙

🍳 做法

1. 虾米先以清水冲洗干净备用。

2. 热油锅，放入姜碎、蒜碎炒至呈金黄色时，放入虾米爆香后，再放入3000毫升水及剩余材料一起以小火煮约1小时。

3. 然后放入所有调料略拌匀，以中火煮至再度滚沸时，熄火放凉。

4. 将熟土鸡整个放入卤汁内浸泡约6小时至入味，食用前取出剁盘即可。

姜母鸭汤

材料

鸭肉	900克
老姜	80克
圆白菜	200克
金针菇	40克
蟹味菇	40克
美白菇	40克

调料

米酒	100毫升
盐	1/2小匙
水	1500毫升
麻油	3大匙

做法

1. 鸭肉洗净剁块，老姜洗净拍扁，圆白菜洗净，菇类去蒂头洗净备用。

2. 将鸭肉块氽烫一下，捞出沥干，放入电饭锅内锅中备用。

3. 热锅后加入麻油和老姜爆香，加入1500毫升水煮滚后，再放入米酒。

4. 将汤汁倒入内锅，再将圆白菜和菇类一并放入内锅中，外锅放3杯水，按下电饭锅开关，煮至开关跳起，加盐再焖10分钟即可。

酸菜鸭片汤

材料

鸭肉	150克
酸菜	60克
竹笋	30克
姜片	20克
水	1200毫升

调料

盐	1小匙
白糖	1/2小匙

做法

1. 鸭肉洗净切片，酸菜洗净切片，竹笋洗净切片备用。
2. 将切好的酸菜片和竹笋片放入滚水中汆烫，捞起放入汤锅中。
3. 再加入所有调料和1200毫升水、姜片。
4. 开大火待汤锅煮开后，转小火煮3分钟，再放入鸭肉片煮至熟即可。

陈皮鸭汤

材料

鸭	1/2只
陈皮	3片
老姜片	6片
葱白	2根
水	1000毫升

调料

盐	1茶匙
鸡精	1/2茶匙
绍兴酒	1大匙

做法

1. 鸭剁小块、汆烫洗净，备用。

2. 陈皮泡水至软、削去白膜，切小块备用。

3. 姜片、葱白用牙签串起，备用。

4. 取电饭锅内锅，放入鸭块、陈皮、姜片和葱白，再加入800毫升水及所有调料。

5. 将内锅放入电饭锅里，外锅加入1杯水，盖上锅盖，按下开关，煮至开关跳起后，捞出姜片、葱白即可。

鸭架芥菜汤

材料

烧鸭骨架	1副
芥菜	150克
姜片	20克
水	1000毫升

调料

盐	1/2小匙
胡椒粉	1/4小匙

做法

① 将烧鸭骨架剁小块，放入滚水中汆烫，备用。

② 芥菜洗净切段备用。

③ 取一汤锅，倒入1000毫升水以大火烧开，放入姜片及鸭骨架、芥菜，改小火煮10分钟，再加入所有调料拌匀即可。

陈皮灵芝老鸭汤

材料

鸭肉	600克
灵芝	20克
枸杞子	5克
陈皮	5克
姜片	20克
水	1000毫升

调料

米酒	50毫升
盐	1/2茶匙

做法

1. 灵芝洗净泡水10分钟后沥干，枸杞子及陈皮略冲洗沥干备用。
2. 鸭肉剁成小块，放入滚水中汆烫10秒，取出用冷水冲净。
3. 将1000毫升水加入锅中，煮滚后放入灵芝、枸杞子、陈皮及鸭肉、姜片、米酒。
4. 盖上锅盖煮滚后，改转小火炖煮约50分钟，再加入盐调味即可。

洋参玉竹煲鸭汤

材料
鸭肉	600克
洋参	10克
玉竹	15克
姜片	20克
水	1000毫升

调料
米酒	50毫升
盐	1/2茶匙

做法
1. 洋参及玉竹略冲洗沥干备用。
2. 鸭肉剁成小块，放入滚水汆烫10秒，取出用冷水冲净。
3. 将1000毫升水加入锅中，煮滚后放入洋参、玉竹及鸭肉、姜片、米酒。
4. 盖上锅盖煮滚后，转小火炖煮约50分钟，再加入盐调味即可。

茶树菇鸭肉煲

材料

鸭肉	800克
茶树菇	50克
蒜	12瓣
水	900毫升

调料

绍兴酒	1大匙
盐	1/2茶匙

做法

1. 鸭肉洗净后剁小块；茶树菇泡水5分钟后，洗净沥干备用。

2. 煮开一锅水，将鸭肉块下锅汆烫约2分钟后取出，冷水洗净沥干，备用。

3. 将茶树菇和烫过的鸭肉块放入电饭锅内锅，加入900毫升水、绍兴酒及蒜，外锅加2杯水，盖上锅盖，按下开关。

4. 待开关跳起，加入盐调味即可。

荷叶薏米煲鸭汤

材料

鸭肉	600克
干荷叶	5克
薏米	60克
黄芪	10克
姜片	20克
水	1000毫升

调料

米酒	50毫升
盐	1/2茶匙
白糖	1/2茶匙

做法

1 干荷叶、薏米及黄芪略冲洗沥干备用。

2 鸭肉剁成小块，放入滚水中汆烫10秒，取出用冷水冲净。

3 将1000毫升水加入锅中，煮滚后放入干荷叶、薏米、黄芪及鸭肉、姜片、米酒。

4 盖上锅盖煮滚后，改转小火炖煮约50分钟，再加入盐和白糖调味即可。

金银花水鸭汤

材料
鸭肉	600克
金银花	5克
陈皮	3克
无花果	4 颗
红枣	3颗
姜片	20克
水	1000毫升

调料
米酒	50毫升
盐	1/2茶匙

做法
1. 金银花、陈皮、无花果及红枣略冲洗沥干备用。
2. 鸭肉剁成小块，放入滚水中汆烫10秒，取出用冷水冲净。
3. 将1000毫升水加入锅中，煮滚后放入金银花、陈皮、无花果、红枣及鸭肉、姜片、米酒。
4. 盖上锅盖煮滚后，转小火炖煮约50分钟，再加入盐调味即可。

红枣海带老鸭汤

材料

鸭肉	600克
海带结	150 克
红枣	10颗
花椒	2克
姜片	20克
水	1200毫升

调料

米酒	50毫升
盐	1/2茶匙

做法

1. 海带结及红枣略冲洗沥干备用。

2. 鸭肉剁成小块，放入滚水中汆烫10秒，取出用冷水冲净。

3. 将1200毫升水加入锅中，煮滚后放入海带结、红枣及鸭肉、姜片、花椒、米酒。

4. 盖上锅盖煮滚后，转小火炖煮约30分钟，再加入盐调味即可。

芋头鸭煲

材料

鸭	1/2只
芋头	1/2个
（约200克）	
姜片	20公克
水	1000毫升

调料

盐	1小匙

做法

① 鸭肉洗净剁小块，放入滚水余烫2分钟后，捞出备用。

② 芋头去皮洗净，切滚刀块备用。

③ 油锅烧至油温约160℃，放入芋头以小火炸约5分钟至表面酥脆，捞出沥干油分备用。

④ 另起锅加适量色拉油烧热，放入姜片、鸭肉以中火略炒。

⑤ 然后加入1000毫升水煮至沸腾后，转小火续煮1小时，加入芋头再煮至沸腾，放入盐调味即可。

当归鸭

材料

鸭肉块	600克
姜片	10克
水	1000毫升
当归	10克
红枣	8颗
枸杞子	5克
黄芪	8克

调料

米酒	50毫升
盐	1茶匙

做法

❶ 鸭肉块放入沸水中汆烫去血水后，捞出备用；所有中药材稍微清洗后沥干，备用。

❷ 将鸭肉块、姜片、水、中药材与米酒放入电饭锅内锅，外锅加1杯水（分量外），盖上锅盖，按下开关，待开关跳起，继续焖30分钟后，加入盐调味即可。

酸菜鸭汤

材料

鸭肉	900克
酸菜	300克
姜片	30克
水	3000毫升

调料

盐	1小匙
鸡精	1/2小匙
米酒	3大匙

做法

1. 鸭肉洗净切块，放入沸水中略汆烫后，捞起冲水洗净，沥干备用。
2. 酸菜洗净切片备用。
3. 取电饭锅内锅，放入鸭肉、姜片、酸菜片、3000毫升水和米酒，再放入电饭锅中。
4. 外锅放入2杯水，按下开关，待开关跳起，加入调料调味即可。

姜丝豆酱炖鸭

材料
米鸭	1/2只
老姜	50克
水	1000毫升

调料
盐	少许
鸡精	少许
豆酱	适量

做法
① 米鸭洗净剁小块，放入滚水中汆烫后，捞出备用。

② 老姜去皮洗净，切细丝备用。

③ 将米鸭块、老姜丝、所有调料和1000毫升水放入内锅中，再放入电饭锅内锅，外锅加2杯水，按下开关，煮至开关跳起即可。

山药薏米鸭汤

📋 材料

鸭肉	1/2只
山药	100克
薏米	1大匙
老姜片	6片
葱白	2根
水	1000毫升

📋 调料

盐	1茶匙
鸡精	1/2茶匙
绍兴酒	1大匙

📋 做法

❶ 薏米泡水4小时；山药去皮洗净切块，汆烫后过冷水，备用。

❷ 鸭肉剁小块、汆烫洗净，备用；老姜片、葱白用牙签串起，备用。

❸ 取一内锅，放入薏米、山药块、鸭肉、老姜和葱白，再加入1000毫升水及所有调料。

❹ 将内锅放入电锅里，外锅加入1杯水，盖上锅盖，按下开关，煮至开关跳起，捞出老姜片、葱白即可。